要改变命运先改变自己的性格弱点

心若改变，态度就会跟着改变；态度改变，习惯就会跟着改变；习惯改变，性格就会跟着改变；性格改变，命运就会随着改变。

# 要改变命运先改变自己的性格弱点

展鹏◎编著

研究出版社

**图书在版编目（CIP）数据**

要改变命运先改变自己的性格弱点 / 展鹏编著.
— 北京：研究出版社，2013.1（2021.8重印）

ISBN 978-7-80168-748-7

Ⅰ.①要…

Ⅱ.①展…

Ⅲ.①性格－通俗读物

Ⅳ.①B848.6-49

中国版本图书馆CIP数据核字（2012）第307065号


　　　　　　　　　　**责任编辑：**之　眉　　　　**责任校对：**陈侠仁


**出版发行：**研究出版社
　　　　　地　址：北京1723信箱（100017）
　　　　　电　话：010-63097512（总编室）010-64042001（发行部）
　　　　　网址：www.yjcbs.com　E-mail: yjcbsfxb@126.com
**经　　销：**新华书店
**印　　刷：**北京一鑫印务有限公司
**版　　次：**2013年4月第1版　2021年8月第2次印刷
**规　　格：**710毫米×990毫米　1/16
**印　　张：**14
**字　　数：**205千字
**书　　号：**ISBN 978-7-80168-748-7
**定　　价：**38.00 元

# 前 言
## FOREWORD

有人糊里糊涂，一辈子都平平庸庸；有人步步登高，演绎了精彩的人生。看到他人的成功和辉煌，再相比自己的失意落魄，一些人要么抱怨自己的贫寒出身，要么贬低他人以求得心理自慰。这样不仅对改变命运毫无意义，而且会令自己随波逐流下去，在不断的怨声中彻底淹没自己。

其实，改变命运并非难得不能一试。双耳失聪对于音乐家来说，无疑是最致命的打击，但是贝多芬却喊出："我要扼住命运的咽喉，决不能向命运屈服。"接下来，在寂静的世界里，他奇迹般地谱写了《命运交响曲》《英雄交响曲》等巨作，成为令世人景仰的"乐圣"。南非女作家纳丁·戈迪默，原本热爱芭蕾，先因身体虚弱被迫离开芭蕾舞剧院，后又因病辍学，以幼小的心灵承受着巨大的打击，然而她同样没有向命运屈服，她在图书馆里沉醉于文学，成为史上第七位获得诺贝尔文学奖的女作家。

看来，苦难都是对你能否突破自我、变得更强的一种试探和考验。只要有足够的勇气，敢于抗争，任何的挑战都可能是命运的一次转折。我们都有改变自己命运的能力和机遇。但如果贝多芬和纳丁·戈迪默没有勇敢坚韧的性格，也许他们就不敢于尝试，就不能突破自我，也许最终就只能在生理病痛的折磨里苦熬岁月。正如"性格决定命运"所言，影响命运的因素有很多，但性格永远是重中之重。

纵观中国历史，因性格不同而导致命运各异的例子也不胜枚举：唐开国太子李建成虽才能出众，但性格狭隘，千方百计要除掉弟弟秦王李世民，结果反被李世民手下杀掉，而李世民性格宽厚，在众多贤才的鼎力相助下开创了唐朝盛世，功绩彪炳史册；西楚霸王项羽性格刚烈，不能包羞忍辱，虽然屡战屡胜，但却因一次失败而心灰意冷，拔剑自刎，放弃了东山再起的机会，而汉高祖刘邦性格持重沉稳，虽然屡战屡败，但却保持乐观，跨过重重险境，最终统一天下，建立西汉王朝……

从一个个鲜活的人物故事可见，性格对一个人的影响是何等重要。要想改变命运，一定要先完善性格。本书以此为基点，以一种新颖的体例，通过引用中外古今经典故事，分析最致命的十大性格弱点，并给了中肯有效的意见，帮助读者卓有成效地攻克心胸狭窄、骄傲自满、木讷呆板、优柔寡断、心浮气躁、马虎大意、懦弱无能、自卑等性格弱点，提高自身素养，从容应对人生。

在与生活抗争的过程中，性格可以是最大的动力，也可以是最大的阻力。优良的性格促使人采取正确的态度、积极的行动，不断向前，最终取得成功；那些性格的弱点，则在内腐蚀心灵，在外影响为人处世，轻则阻碍进取，重则酿成悲剧。通过阅读本书，相信您能够对自身有更加深刻的了解，从而有目的地弥补自身缺陷，克服性格弱点，进而掌控自己的命运。

# 目 录
## CONTENTS

## 第一章 为人要宽容忍让，斤斤计较难成事
### ——改变心胸狭隘的性格

性格狭隘的具体表现是偏激、自私、善妒等等，这些表现恰是处世、交友的大忌。如果不能改变这种性格，无疑会在生活中不断遭遇麻烦。

性格宽容会使人的眼界更加开阔，心胸更加宽广，凡事能以包容的心态去接纳别人。才会交到真朋友，遇到真正的贵人。

## 第二章 时刻牢记谦虚二字，傲气太重伤人害己
### ——改变骄傲自满的性格

傲骨可长存，傲气可永弃。只有保持谦虚，在言行举止中不咄咄逼人，才不会激起他人的恼怒和嫉妒之心。

# 第三章 头脑要灵活，打开思路找门路

## ——改变木讷呆板的性格

当同一件事情摆在眼前时，性格木讷的人常常显得不知所措，因为他们思维迟钝，不懂变通；而性格机敏的人却能够找出事情的结点，轻松把问题解决，因为他能够通过察言观色而见微知著，从而见机行事、看人说话，进而打破僵局，反客为主。

# 第四章 该出手时就出手，行事果断创生机

## ——改变优柔寡断的性格

即使是最不幸的人，也会受到命运女神的青睐。如果优柔寡断，就很可能与机会擦肩而过。当人生不如意时，怨天尤人毫无益处，改掉这种糟糕的性格最重要。机会稍纵即逝，只有性格果断的人才能牢牢将其握在手中，使自己拥有的资源得到最好的发挥，走好人生最关键的几步。

# 第五章 遇事沉着冷静，人在乱中最易头脑发昏

## ——改变心浮气躁的性格

有句话说得好："办法总比困难多。"毕竟，思维的力量是无穷的。在遇到困难时，只要能够转动大脑，思路就会逐渐清晰，困难将会由大变小，由小变无。不过，要想让思维活跃起来，必须要以沉稳的性格为前提。因为只有具备了这种性格，才会在遇到困难时冷静地分析眼前的局势，多方突破，稳中求胜。

# 第六章 小心谨慎，把每一步想在前面
## ——改变马虎大意的性格

　　明人吕坤在《呻吟语》中谈道："世间事各有恰好处，慎一分者得一分，忽一分者失一分，全慎全得，全忽全失。"其实，马虎大意的害处并不止于此，因为在有些时候虽然失之毫厘却会谬以千里。无论身处顺境还是逆境，谨慎都是必须的。只有完善谨慎性格，才不会在顺境中因得意忘形而摔跤，在逆境中因眼高手低而被困。

# 第七章　愈挫应愈勇，坚忍成大器
## ——改变懦弱无能的性格

　　人生不可能一帆风顺，挫折和坎坷会不定期地前来拜访。只有一次次战胜挫折，走出坎坷，才能毫无遗憾地走完一生。性格懦弱者根本经受不住考验，他们惜身如命，生怕受到一点点伤害，一旦遇到麻烦就后退。这样的人即使有能力，也不会有所作为。因此，在磨难面前，一定要做一位性格坚韧的勇士。

## 第八章 别把自己看扁了，自信能创造奇迹
### ——改变自卑的性格

具备自卑性格的人经常以一种悲观的心态来面对一切，看轻自己的能力，高估事情的难度，常常处于一种压抑的状态，不要说激发潜力，就连个人能力也难以正常发挥，被眼前的困难压得喘不过气；具备自信性格的人则能够积极乐观地看待一切，在保持心情愉悦的情况下不仅能够将自我能力发挥到极致，而且会不断挖掘自身潜力，将一个又一个困难踩在脚下。

## 第九章 祖宗之法也可变，别围着条条框框转圈
### ——改变墨守成规的性格

人们常说"时势造英雄"，英雄的出现固然与时势有关，但更为

重要的却是英雄所具备的大胆性格。正是由于大胆，他们敢为天下先，可以从没有路的地方开辟出一条路。

虽然不是人人都能成为英雄，但大胆性格从需要培育和不断完善。只有如此，才能够与时俱进、开创未来，才不会因墨守成规而裹足不前。

# 第一章 为人要宽容忍让，斤斤计较难成事

## ——改变心胸狭隘的性格

性格狭隘的具体表现是偏激、自私、善妒等等，这些表现恰是处世、交友的大忌。如果不能改变这种性格，无疑会在生活中不断遭遇麻烦。

性格宽容会使人的眼界更加开阔，心胸更加宽广，凡事能以包容的心态去接纳别人。才会交到真朋友，遇到真正的贵人。

# 1. 心胸宽广，多为自己留条路

　　一个性格宽容的人一定是一个乐于施恩的人，因为施恩能够开阔一个人的心胸，使人心甘情愿、不计报酬地去帮助遇到困难的人。当然，人非草木，孰能无情，乐于施恩的人自然能够得到他人的热心相助。反之，一个性格刻薄狭隘的人常常会以一种敌视的眼光看待周围的一切，而且处处提防他人，这种性格的人必将陷入孤独和无助中。

　　一个人如果心胸狭小，自私自利，自然难以容人，而不能容人的人必然难成大事。一般而言，成大事者往往是那些心胸宽广、热情善良的人，因为他们能够用宽容征服一切。对个人而言，宽容往往会使自己拥有更好的人际关系，从而在事业上得到他人的相助。

　　生活中，遇到危难，陷入孤立的境地时，难免有些伤感。其实不必如此，只要从现在开始学会施恩，那么将来再遇到困难时，也会得到别人的真诚相助。

　　春秋时期，楚国国君楚庄王在位时，国内发生了叛乱。楚庄王亲自率领军队前去平乱。凯旋后，楚庄王非常高兴。为了表示祝贺，他于当晚在宫中设宴，邀请所有朝臣共享盛宴。

　　宫中烛光摇曳、歌舞升平，一派欢乐祥和的景象。臣子们推杯换盏，开怀畅饮，仍感意犹未尽。楚庄王被这样的情景所感染，为了助兴，于是让容貌出众的爱妃许姬为各位臣子敬酒。顿时，宴席进入了又一个高潮。正当许姬绕着酒桌挨个向群臣敬酒时，一股大风向大厅猛烈吹来，桌上的蜡烛全部熄灭，整个大厅陷入了一片黑暗之中。这时，突然有人拉住了许姬的玉臂。许姬见过的场面多了，虽然受了惊吓，但心中并不慌张，而是灵活地扯断了这个胆大包天者的帽缨。

　　很快，大厅恢复了光明。许姬快步走到楚庄王身边，低声把刚才发生的事告诉他。楚庄王知道后，示意许姬不要声张，然后向群臣喊道："能够与群臣同乐，我非常高兴。今晚不必行君臣之礼，大家都把帽缨摘下来吧。"于是，群臣纷纷摘下帽缨，那位调戏许姬的人逃过了一劫。

宴罢，许姬问庄王为什么要这样做。庄王回答道："今晚我与众臣同乐，臣子开怀畅饮，酒后失礼是难以避免的。戏弄你的人自然犯下了欺君之罪，如果当众找出此人，必然要治他死罪。如果此人是有功之臣，治其死罪自然会让将士寒心。失去了人心，就等于失去了国家。"

后来，楚国与郑国交战，楚庄王率军出征。由于郑国早有埋伏，楚庄王被郑军围困。正在生命攸关之际，楚军中的一位副将拼死冲入郑军，护着楚庄王突围而出。回朝后，楚庄王欲重赏此人，却被此人辞谢。原来，这位副将便是庆功宴上乘着酒兴摸许姬手臂的人。

楚庄王这次之所以能够脱险，善于施恩是最主要、最直接的原因。要知道，一旦揭发了那位副将的不雅行为，副将无疑会被处死。正是由于楚庄王的特意掩饰，副将才能保留性命。为了感谢楚庄王的不杀之恩，他才不顾自身安危，全力营救楚庄王。

施恩其实很容易，毕竟没有人一帆风顺，总会有遇到困难的时候。当看到有困难的人时，就可以及时地伸出援助之手。当有人直接倾诉了自己的困难时，如果在能力允许范围内，更应该诚心相助。

孟尝君在齐国做相国的时候，府上门客众多。这些食客之间存在着等级差别：上等门客食有鱼肉，出有马车；下等门客粗食饱肚，出门步量。一次，孟尝君收了一位名叫冯谖的下等门客。

冯谖比较特别，他不像其他下等门客那样安分。

一天，他在府中靠着门柱边用手指弹着剑身边唱道："长剑啊，这里食无肉，让我带你回家吧！"孟尝君听说后，什么也没问，立即让人满足了他的要求，改善了他的伙食。没过多久，他再次弹剑而歌："长剑啊，这里出无车，让我带你回家吧。"孟尝君听说后，再次毫不犹豫地满足了他的要求。然而，他并不满足，又过了多久，第三次弹剑而歌："长剑啊，我在这里有吃有喝却无钱养家，让我带你回家吧！"孟尝君通过打听得知冯谖家中有一老母，于是派人送去了一些钱物。此后，冯谖变得安分起来，没有出现过抱怨。

一次，孟尝君派冯谖到封地收租。临走前，冯谖问孟尝君："我此次远出，主人需要我买点什么东西回来吗？"孟尝君说，看我家缺什么就买吧。

到了孟尝君的封地后，冯谖将佃户们召集起来，然后当着他们的面儿将地契和欠据一并烧掉，并告诉这些佃户，孟尝君有着慈善心肠，决定免了他们的地租和欠款。听了冯谖的这席话后，众佃户无不欢天喜地，对孟尝君充满了感激之情。孟尝君知道后非常生气，责备了冯谖一番。冯谖说，您让我买回您家缺少的东西，我看您家里珠宝成堆，牛马满圈。您缺少的就是"义"了，我托您的名义把乡民的债券烧了，就是买回了"义"。

后来，孟尝君在朝廷失势，敌对势力乘机追杀他。为了保命，众门客作鸟兽散，唯有冯谖誓死追随。由于冯谖的未雨绸缪，孟尝君在举目无亲的情况下得到了封地那些佃户们的帮助，逃过了一劫。

如果孟尝君对冯谖"不合理"的要求置之不理，冯谖就会离去，他在危难的时候也将陷入孤立无援的境地。正是他的大方施与，使得冯谖死心塌地地为他服务，即使受到他的错怪后仍然对他不离不弃。

### ❀ 马上试一试 ❀

只要完善了宽容的性格，就能够做到乐于施恩。也许你的付出不过是举手之劳或一箪食一瓢饮，但在有些时候却能够给他人以很大的帮助。或许你会将这些受到你帮助的人忘记，但他们中的绝大多数不会忘记你。当你需要帮助的时候，他们会出现在你的面前，用感恩的双手将你拉出困苦的泥潭。

## 2. 大人有大量，不必事事计较

不拘小节是宽容性格的一种表现形式，也是成就大事必备的一种手段。如果处处斤斤计较，不仅难以找到真正的朋友，更难以找到为我所用的人。

"玄武门之变"在中国历史上是一次轰动性的事件，在这次事件中，秦王李世民杀了太子李建成和齐王李元吉。

事变后，秦王府将领中有些人主张乘胜杀尽李建成、李元吉的党羽，并"籍没其家"，而且还有许多人不断地搜寻宫府集团的成员和兵勇，争相捕杀邀功，在这种肃杀的形势下，宫府集团的人惶惶不能自安，内心无比恐惧。这个时候，李世民决定放弃"一网打尽"的策略，采用明智的安抚政策。他一方面禁止秦府人员滥捕滥杀，同时又以高祖的名义诏告天下，安抚宫府中的人。对于那些不敢出面的宫府集团的成员，李世民表示不再追究他们的责任，并当众释放了他们，消除了他们的顾虑。

李世民的宽容让宫府集团的人深感佩服，他们纷纷放下武器，自动投靠李世民，都声称愿意为其效犬马之劳，这其中也包括魏征、韦挺等才华卓越的人。

早在"玄武门之变"之前，魏征便劝太子李建成除掉李世民，可是太子优柔寡断，迟迟不肯动手。当"玄武门之变"发生后，太子党人纷纷逃亡，魏征却没有逃跑。他被抓住后，李世民当众问他："你为什么离间我们兄弟？"在场的一些官员都为魏征捏把汗，魏征却毫无惧色，镇定地回答："假如太子早听我的话，那么他就不会有今天的灾难了。"对魏征桀骜不驯的回答，在场的官员都惊呆了，但李世民不仅没有生气，反而赞扬了他的忠诚坦荡，对他更加器重，并委以重任，封为詹事主簿，后改任谏议大夫。

对待太子李建成的部下，魏征坚决主张怀柔招抚，反对镇压。当时，太子李建成的部下遍布全国，在"玄武门之变"过后，人心惶惶，由于担心遭到杀害，许多人准备造反。魏征从大局考虑，向李世民建议说："陛下要不计私仇，对他们要以公处之，否则杀之不尽，有无穷之患，不利于国家的稳定。"李世民接受了魏征的建议，而且让他做特使，到李建成势力较为集中的河北一带安抚人心。魏征到了河北后，看到两辆去长安的囚车里装着"玄武门之变"中逃走的李建成的部下李治安和李思行。魏征说："我离开长安以前，皇上就已下令赦免了李建成和李元吉的部下，现在把他们逮捕，这不是自食其言、失信于人吗？皇上已经授予我自行处理的权力，请把他们放了，让他们跟我一起去招抚别人。"魏征此行取得了很好的效果。

由于李世民肯屈尊纡贵，放下架子，先得到魏征的效忠，后得到了大多数太子党的信任和支持，河北一带很快稳定下来。但是，原秦王府的旧属，对李世民这种以慈待众、化敌为友的做法非常不理解，所以仍然对太子党抱有成见。

一次，李世民在宴请近臣的时候，有的大臣提出："魏征等人以前是李建成的亲信，现在我们看到他们就像仇人，实在不愿意与他们在一起谋事。"李世民听后笑了，说道："魏征等人过去是我的仇人，但仔细想想，他们曾为自己的主人尽力工作，这有什么不对呢？桀犬吠尧，各为其主，这是应该予以赞扬的。而如今我提拔重用他们，就是看中了他们这种能够一心为自己主人效力的忠心。"

在对待太子幕僚魏征的态度上，无论是屈尊纡贵还是化敌为友，都体现了李世民的不拘小节。如果他不能做到这点，因自己高贵的身份不愿意任用魏征，因魏征曾为太子出谋杀掉他而敌视魏征，那么他就不会得到魏征这位忠心耿耿、敢于直谏的良臣。其实，李世民不拘小节的宽容性格在很多地方都能表现出来。

在一次李世民出游时，一个卫兵不小心，脚下滑了一跤，无意中一把拉住了李世民的龙袍，险些把李世民拉倒。当时这个卫兵吓得魂不附体。李世民当即安慰卫兵说："这里没有御史法官，不会问你的罪，不要担心。"同时他还告诫身边的人，不要把这件事传出去。触犯龙体在封建社会是大逆不道之事，按理是论死罪的，但李世民却没有小题大做，把官兵的无意之举以犯上罪名治罪，从这也可以看出李世民心胸的博大、宽广。

还有一次，李世民与群臣饮酒，酒至半酣，看着在座的文臣武将，想着庞大昌盛的帝国，不禁感慨万千。李世民不但善于用兵，而且还颇有文采，擅长书法。此时他书兴大发，命人笔墨伺候，很快一幅书法作品笔端立就。李世民童心大发，将书法作品高高举起道："此幅书法作品谁能得到，就赐予谁。"此言一出，群臣争先恐后，其中有一位官员手疾眼快，登上皇帝的座椅，一把把书法作品抢到手。这时，有清醒的大臣，见抢书者没有人臣之礼，竟敢蹬踏皇帝的座椅，实是大逆不道。马上跪倒启奏，请治其不敬之罪。所有人顿时都吓醒了酒，抢书者马上叩头请罪，可唐太宗却哈哈大笑道："今日没有君臣之礼，不要破坏了饮酒的气氛。"可见唐太宗的宽容、仁慈。

由于不拘小节，李世民放下了皇帝高高在上的架子，用他博大的胸襟对待他的臣民，从而使国家的实力达到了前所未有的强盛。

无论是对待合作伙伴还是下属，都要做到不拘小节。只有如此，才会减少一些不必要的忌讳，从而促进双方的有效交流和沟通，提高工作效率，加快事业发展的速度。

# 3. 常怀宽恕之心，责人以宽为本

每个人都有犯错误的时候，如何对待他人犯下的错误是检验一个人性格是否宽容的标准之一。性格宽容的人常常怀有一颗宽恕的心，懂得在批评他人的时候做到适可而止。正是因为有了这种举动，他们常常会让犯错误的人心服口服。

当他人犯下了错误后，无论错误是大是小，都应该把批评作为一种手段，而不是最终目的，毕竟因错误引起的损失已经存在。只有通过批评使犯错误的人心服口服并充满感激地改正错误，才能够将损失挽回或弥补。不过，只有宽容性格的人才能做到这点。

清末商人胡雪岩在生意场上，就运用自己的宽容收服了朱福年，结交了庞二，三人成为互相依托的股东，胡雪岩利用这一有利因素闯入了上海丝业。

在胡雪岩与庞二合伙做丝业收购买卖时，二人齐心协力，逼压洋人，抬高国人丝价，为这件事胡雪岩费了大量心血，做得实在不容易。但是到了临近交货时却出了严重的问题，经调查才知道是朱福年在暗地里捣鬼。作为庞二搭档的朱福年，人送外号"猪八戒"，他野心勃勃，想借庞二的势力，在上海丝场上做江浙丝帮的首脑人物，因而对胡雪岩表面上"看东家的面子"不能不敷衍，暗地里却处心积虑，想要打倒胡雪岩。但是，他不敢明目张胆地跟胡雪岩对着干，一切都是在暗中操作。所幸的是，胡雪岩的好友古应春在接到这一消息后马上告诉当时身在苏州的胡雪岩，听得古应春细说原委，胡雪岩心中有了底，想出了制服朱福年最简单的办法：将庞二请出来，几个人合伙给他演一出戏，慢慢揭穿他的把戏，这样不但让他在丝业没法混，甚至能够让他在整个上海都找不到饭碗。

但是，胡雪岩深知"饶人一条路，伤人一堵墙"的道理，因此，在这件事的处理上，并没有用最"简单"的办法将吃里爬外的朱福年逼上绝路。

朱福年做事不地道，不仅在胡雪岩与庞二联手销洋庄的事情上作梗，还拿了东家的银子"做小货"，他的"东家"庞二自然不能容忍。依庞二的想法，一定要彻底查清朱福年的问题，狠狠整治他，然后让他滚蛋。但胡雪岩觉得不妥。胡雪岩说："发现这个人不对头，就彻底清查然后请他走人，这是俗人的做法。我们最好是不下手则已，一下手则叫他心服口服。诸葛亮'火烧藤甲兵'不足为奇，要烧得他服帖，死心塌地替你出力，才算本事。"庞二同意了他的意见，于是胡雪岩先通过关系，摸清了朱福年自开户头、将丝行的资金划拨"做小货"的底细，然后再到丝行看账，在账目上点出朱福年的漏洞。然而他只是点到为止，不点破朱福年"做小货"的真相，也不再深究，让朱福年感到自己似乎已经被抓到了"把柄"但又不明实情。同时，他还给出时间，让朱福年检点账目，弥补过失，等于有意放他一条生路。最后，则明确告诉朱福年，只要尽力，他仍然会得到重用。

朱福年听了这话心惊不已，自己做的事情自己知道，却不明白胡雪岩何以了如指掌，莫非他在恒记中有眼线？照此看来，此人莫测高深，真要步步小心才是，他的疑惧流露在脸上，胡雪岩索性开诚布公地对他说："福年兄，你我相交的日子还浅，恐怕你还不知道我的为人，我的宗旨一向是有饭大家吃，不但吃得饱，还要吃得好。所以，我决不肯轻易敲碎人家的饭碗，不过做生意跟打仗一样，总要齐心协力，只有人人拼命，才会成功，过去的都不用说了，以后看你自己，你只要肯尽心尽力，不管心血花在明处还是暗处，我说句自负的话，我一定看得到，也一定不会抹杀你的功劳，在你们二少爷面前帮你说话。或者，你若看得起我，将来愿意跟我一起打天下，只要你们二少爷肯放你，我欢迎之至。"

这番话，朱福年听完后激动不已："胡先生，胡先生，你说的这些金玉良言，我朱某人再不肯尽心尽力，就不叫人了。"他对胡雪岩的态度，是在告诉胡雪岩他已经彻底服帖。其实此人平日里总是自视清高，加之东家庞二对他偏爱，所以平日里总在有意无意间流露出一副傲慢的态度，此刻一反常态，是真正的内心表现。可见胡雪岩宽容的做法使用的非常得当，不仅使朱福年心服口服，还使庞二对他心生敬佩，达到了预期的效果。

胡雪岩以宽容大度的胸襟包容了朱福年，体现出了他的人格魅力，朱福年也同样因为胡雪岩的宽容而甘愿为其拼死效命。

### ❀ 马上试一试 ❀

当他人犯下错误后，一定不要横加指责，把他人逼上绝路，这样只会让犯错误的人不知悔改，从而造成更大的损失。与其如此，不如用一颗宽恕的心去感化犯错者，令其迷途知返、踏上正道。

# 4. 化敌为友，敌为我用

一个懂得化敌为友的人，将是一个无敌于天下的人，因为当多数敌人都成了自己的朋友后，就不会再有强大的敌人。虽然很多人懂得这个道理，但却会因小肚鸡肠而不能容纳曾与自己为敌的人。之所以如此，是因为他们的宽容性格还没有得到完善。

在古战场上，化敌为友是众多睿智者壮大实力、成就伟业的常用手段，东汉刘秀便是一位能够运用此手段的人。随着这种手段的深入人心，他如愿以偿地登上了帝王的宝座。

王莽执政后期，朝纲腐败，群雄四起。其中，绿林军是一股非常强大的武装力量，刘秀和他的族兄刘玄就是这支队伍的首领。更始初年，刘玄被绿林军推为皇帝，这就是后来的更始帝。同年十月，刘秀奉更始帝刘玄的命令，以破虏将军兼大司马的名义奔赴河北，稳定当地局势。

当时，河北形势复杂，局势动荡不安。刘秀在冯异、邓禹等将领的建议下鼓起勇气，决定在此地发展自己的力量，以便早日摆脱更始政权的限制。为了拉拢人心，刘秀在河北做了许多符合民意的事情。他每到一处，便考察官吏，然后按照他们的能力升降职位。他还平反了很多冤案，将无罪的囚徒释放。而且，他还废除了王莽苛政，恢复了汉朝的官吏名称。

此时，王郎在河北的势力很大。他谎称自己是汉成帝的儿子刘子舆，利用当地豪强地主为确保自身利益而排挤刘秀的心理发展自己的势力，在邯郸建立了一个新的割据政权，随后便悬赏通缉刘秀。刘秀几经逃难，最终在河北站稳脚跟。

更始二年四月，刘秀率领大军攻打王郎，并很快取得胜利。铲除王郎后，刘秀驻军邯郸。他一刻不忘安抚人心。在查阅王郎朝中公文时，他的手下发现了很多公文。这些公文的作者要么辱骂刘秀，要么痛斥他，要么为王郎献计除掉他。当手下将这些文书拿给刘秀看时，他立即派人将这些文书拿到空旷处，然后准备当着众将士的面将其烧毁。

这时，一名武将忍不住说道："将军，如果将这些公文烧掉，那些对你不怀好意的人不就可以逃脱我们的惩处了吗？即使以后我们能查出一两个人来，也没有证据治他们的罪啊。"

刘秀知道手下有很多人都是这么想的，于是对众人解释道："我根本没有考虑如何惩罚这些人，我这样做的目的正是为了放过这些人，他们之所以会反对我，也是迫于形势。以前发生的事情就此告一段落，不要再提了。否则，真心愿意投奔我们的人不就少了许多吗？"

果然，河北各郡县的官吏从刘秀烧毁公文的事情中看出了刘秀的为人，不再坚持反对刘秀，从而纷纷归顺他。

正如刘秀所说，如果他真的要将那些曾经视自己为敌的人——治罪，河北各郡县与王郎有牵连的官员宁愿拼个鱼死网破也不会坐以待毙。刘秀的这一招果然奏效，使得这些官员不再有性命之忧，既避免了又一场劳民伤财的战争，又稳定了当地的局势，同时增强了自己的实力。

除了刘秀外，唐太宗李世民、明太祖朱元璋都是擅长化敌为友的典范。正是有了这种宽宏大度的胸怀，才使越来越多的人团结在了他们的周围，全心全意辅助他们建功立业。

只要有竞争的存在，就会有对立者。在竞争的过程中，同样可以通过化敌为友的方式做到敌为我用，美国前总统尼克松用行动诠释了这一点。

尼克松被提名为总统候选人时，洛克菲勒成了他的竞争对手。当时，基辛格是洛克菲勒的忠实拥护者，全心全意地帮助洛克菲勒大力宣传和广拉选票。面对记者有关对尼克松评价的采访时，基辛格以"荒谬可笑"作答，并且说："如果尼克松当选为总统，这将是一件更加荒谬可笑的事情，因为他根本没有当总统的资格。"然而，事实和基辛格开了一个不小的玩笑，尼克松当选为新一届总统。

关于基辛格在媒体上的言论，尼克松自然早有耳闻，但他并没有因此而怨恨基辛格，并且因赏识其才华而对其发出了邀请函。面对尼克松的邀请，基辛格很不自在，内心忐忑不安。不过，无论心中怎样猜测，他还是如期赴约。

两人晤面后谈得比较投机，尼克松主动提出与基辛格保持密切联系的要求。这令基辛格大吃一惊，因为尼克松既没有报复他，也没有奚落他。尽管如此，基辛格还是婉言拒绝了尼克松的好意。尼克松并不灰心，决定以诚换诚。

第二天，尼克松主动去找基辛格谈话，希望他能够出任总统安全事务助理这个直接决策国家外交的职务。基辛格虽然没有立即答应，但在几天后还是接受了尼克松的邀请。尼克松非常高兴，在内阁还未组建之前提前任命了基辛格。

此后，基辛格在外交方面大展拳脚，为美国赢得了众多荣誉。

如果你是一个企业管理者，不妨也试试尼克松这种方法。其实，一个企业在竞争中最终被淘汰的原因是复杂的，并不是因为它没有真正的人才。要知道，一个企业的竞争对手远比参加总统竞选时的对手多，如果不及时将被淘汰企业的有用人才招揽，这些人才必然会被有眼光的其他企业给抢走。当其他企业因引进人才而增强了实力时，尽管你的实力从客观上来讲没有削弱，但在对比的过程中已经处于劣势状态。

生活中，同样需要化敌为友。不过，生活中并没有真正的敌人，有的只是一部分人对自己的敌意。面对他人的敌意，你的处理方式决定了这种敌意在短时间内被消除还是被扩大化。如果方式得当，自然能够让对你有敌意的人渐渐开始欣赏你；如果方式不当，只会增加对方的敌意，那么，什么样的方式才能最有效地化解敌意呢？最简单的方法就是消除自己的怨恨，用冷静的交谈代替会让自己失去理智甚至个人修养的愤怒。

一次，小江和办公大楼的管理员产生了误会，并由此互相怨恨。为了发泄对小江的不满，管理员开始关注小江的下班时间。每当整栋大楼只剩小江一个人时，他就会及时地拉下整栋大楼的电闸，使得小江不得不在黑暗中摸索着从大楼中走出。

终于，小江忍不住了。当再一次面临熄灯时，愤怒的小江猛地从凳子上跳了起来，径直走向管理员所在的房间，此时的管理员正若无其事地吹着口哨。小江一见到他就破口大骂，完全失去了一个文化人的文明与含蓄。当骂得口干舌燥、没有骂词时，小江停了下来。这时，管理员将背对着小江的身体转了过来，脸上露出开朗的微笑。他以柔和的声调说："呀，没想到小江同志竟然会有如此激动的表现。一定很累吧？"

小江冷静下来，但却无可奈何。他返回空荡荡且黑暗的办公室，一屁股坐在还有余热的凳子上。就在这短短的几分钟内，他不仅做了一件有失文明人身份的事情，而且还把自己的心情弄得更加糟糕。

显然，如果把这种事情反映给上级领导，无疑是件可笑的事情，甚至会让领导怀疑自己的处事能力。于是，小江决定向管理员道歉，尽管觉得自己没有什么过错。

他再次找到管理员，然后心平气和地说："我来向你道歉。不管怎么说，我不该开口骂你。"

不料，管理员竟不好意思起来："不用向我道歉。刚才并没人听见你讲的话，我也不会对外讲的。况且我这么做，只是意气用事，对你这个人我并无恶感。"

接下来，两人的距离一下子拉得很近。后来他们成了好朋友。

从上面的故事中可以看出，管理员并没有承认自己的不当行为。不过，这已经无关紧要。重要的是，他已经不再对小江抱有敌意，并且与小江成了好朋友。对于小江本人来讲，他不用再为这样的小事发脾气。更重要的是，他通过自己的经历学会了处理类似问题的方法。

当然，化解他人敌意的方式并不局限于此。只要能够根据具体情况采用适当的方式，总能达到目的。

战国时，面对廉颇的故意挑衅，蔺相如则采取了躲避、退让的方式，同样达到了化敌为友的效果。

起初，蔺相如是赵国宦者令缪贤的舍人，因完璧归赵被赵王封为上大夫。接着，他又在赵、秦渑池之会上表现不俗，为赵王挽回了面子，被赵王封为上卿，位居赵国良将、上卿廉颇之上。廉颇对此感到不满："我是赵国大将，有攻城野战的大功，而蔺相如只是动了动嘴巴就位居我上，况且他出身卑贱，为此我感到羞耻。"说完此话后，廉颇扬言说："以后我见到蔺相如时，一定要羞辱他。"蔺相如听说后处处躲着廉颇，尽量避免与他接触。每逢上朝时，蔺相如便称病不朝。在路上远远望见廉颇时，他会立即调转马头，不让廉颇看到自己。舍人以为他害怕廉颇，并以跟随在他左右为耻，多有离去之意。蔺相如劝阻他们，并问道："在你们看来，廉将军和秦王谁更厉害？"舍人回答："廉将军当然比不上秦王。"蔺相如接着说："秦王那么威风，而我公然在秦宫大声呵斥他，羞辱他的臣子。相如虽然不才，难道单单怕廉将军一人吗？强秦之所以不敢对赵国用兵，是因为相如和廉将军二人同在效忠赵国。两虎相斗很难两全，秦国便有机可乘。相如之所以要处处躲着廉将军，就是不想因我们的个人恩怨而使国家蒙受灾难。"廉颇从旁人口中听说了这番话后顿感惭愧，于是肉袒负荆，去蔺相如府上谢罪。此后，二人成为刎颈之交。

### ❧ 马上试一试 ❧

当自己用一双敌意的眼睛盯着他人时，自己也会被他人充满敌意的眼睛包围，长期在这样的环境下工作或生活将多么痛苦！完善宽容性格吧！用宽容和仁慈包容他人，这样，即使是心中充满冰冷的仇恨的人，也会被你的善意消融殆尽。

# 5. 以宽厚仁爱获取人心

唐太宗说："民犹水，君犹舟。水能载舟，亦能覆舟。"无论在何时何地，人心都是事业成败的最关键因素，是建筑事业大厦的基石。没有人心便没有稳固的根基，而获取人心重要方法之一就是善待他人。

汉高祖刘邦是一位非常善于笼络人心的人，很有做帝王的资质，他虽率先入了关中，却没有烧杀抢掠，而是召集关中各县父老，向他们宣布说："秦朝的法律太苛刻，乡亲们长期遭受迫害，苦不堪言。只要发出抱怨，便会给加上

'诽谤朝廷'的罪名，杀掉全家；几个人在一块儿说话，也要绑赴市曹处斩，这哪是人过的日子呀！我受楚怀王委派，到这里是为大家解除痛苦的。义兵出发前，怀王与众将约定：'谁先进入关中，就封谁为关中王。'我先到咸阳，自然应该由我治理关中。现在，我就以关中王的名义，与父老们约定三条法规：杀人的偿命；伤人和盗窃财物的按情节论罪；秦朝原来的严刑酷律，全部予以废除。"

大家都屏息静气地听着，一些人的脸上仍流露出狐疑的神色。刘邦补充说："秦朝原来的地方官吏，全部可以继续留任，士农工商，照旧从事自己的本业。"刘邦再一次重申，"父老乡亲们尽管放心，我们到这里来，决不会扰害百姓。现在，暴虐的秦朝已经被推翻了，我把军队撤到灞上，是想等候各路诸侯军队到来，再为大家制定一个共同遵守的详细规约。"这就是历史上有名的"约法三章"。

关中是秦朝的发源地，又是秦朝向外扩张的根据地。以前，关中人民在秦对外扩张的战争中曾出过很大的力气，所以，秦王朝对关中人民的剥削，与关东其他地方比较要轻一些。再加上秦王朝长期的欺骗宣传和关中人狭隘的地方观念，秦末关东各地烽火四起时，关中大地，却始终风平浪静，犹如世外桃源。刘邦军队进入关中后，关中民众惊恐不安，只怕诸侯军队来了会报复杀人，如今听了刘邦这一席话，方才放下了心。

为了扩大影响，刘邦又派出了大批使者，在原秦朝地方官员带领下，走乡串户，说明推翻秦朝的原因；宣传新制定的三条约法。关中老百姓看到刘邦如此宽宏大量，义军秋毫无犯，果真和以前秦朝的军队大不一样，一个个欢天喜地，赶着牛羊，背着粮食，争先恐后地慰劳义军。刘邦好言相劝，坚决辞谢，说："仓库里的粮食很多，我们不愿意给老百姓增加负担。盛情可以领受，送来的东西坚决不能收。"这一说，老百姓们更是感动不已，唯恐刘邦不能长久留驻关中。

刘邦为关中百姓约法三章，使得关中百姓欢天喜地，心悦诚服，尤其是刘邦后面所讲的话，更让百姓喜上加喜，都对刘邦无比敬爱。在进入关中后的短时间内，刘邦初步领略了得人心者得天下这一真理。

从秦末战争初期刘邦和项羽的表现来看，项羽凭借自己的武勇和个性，杀降卒，杀子婴，屠寨民，烧咸阳，封诸侯，都彭城，弑义帝……项羽被人认为残暴；刘邦因为"仁义"的名声，所以被派去袭击政治中心咸阳，结果比项羽提前两个月进入关中，取得了"先入关者王秦"的政治优先权，而他为得民心提出的"约法三章"，更是为他赢得了宽厚、仁爱、善待百姓的好名声。

❀ 马上试一试 ❀

武力可以把一个闹市变成废墟，但却不能收复人心。只有宽厚仁慈，善待他人，才能得到人们的尊敬和爱戴。

# 6. 计前嫌越陷越深，弃仇怨以德报怨

航行中有一条规律可循，操纵灵敏的船应该给不太灵敏的船让道。所以，在行事过程中我们一定要做那只"操纵灵敏的船"，不计较别人的对错指责和抱怨，用恩德化解别人的怨恨，这样才更具灵活性，在前进的道路上才可以畅通无阻。

明朝洪应明在《菜根谭》上说："人有顽固，要善化为海，如忿而疾之，是以顽济顽。"每个人都会犯错误，但很少有人会心悦诚服地接受另一个人暴风雨般的指责和批评。即使犯错误的人原本想承认错误，也有可能被这种指责和批评方式激怒，从而故意不承认错误或采用明知故犯的方式来表达自己的抵触情绪。所以一个性格宽容且睿智豁达的人，不会做这样愚蠢的行为，他会用一颗宽恕之心，包容他人犯下的错误，甚至不计前嫌，以德报怨。

曹操虽然被世人称为奸雄，但他也有不计前嫌的时候，这一点通过以下几个小故事可以表现出来。

袁绍起兵讨伐曹操时，陈琳起草了讨曹檄文。在檄文中，他说曹操"赘阉遗丑，本无懿德……好乱乐祸"。陈琳不仅大骂了曹操，而且骂了曹操的祖父曹腾、父亲曹嵩。他说曹腾"与左悺、徐璜并作妖孽，饕餮放横，伤化虐民"，说曹嵩"乞匄携养，因赃假位，舆金辇璧，输货权门，窃盗鼎司，倾覆

重器"。

曹操当时患头风，见了檄文后"毛骨悚然，出了一身冷汗，不觉头风顿愈，从床上一跃而起"。后来，曹操捉住了陈琳。他提起了檄文的事情："汝前为本初作檄，但罪状孤可也；何乃辱及祖父耶？"陈琳却回答道："箭在弦上，不得不发耳。"然而曹操并没有杀他，而是把他留在曹营中做事。

表现曹操宽容的还有一例：

官渡一战，曹操以少胜多，把袁绍的八十万大军打得溃不成军。曹操非常高兴，将从袁绍处得到的战利品赏给了军士。在袁绍营中，曹操与众将领发现了一束书信。这些书信都是许都和军中的一些人写给袁绍的，是曹军中的叛徒与袁绍勾结的证据。于是，众将领说道："可以将这些书信作者一一查对，然后一并按军法杀之。"曹操却说道："他们之所以这样做，是因为那时袁绍的实力雄厚，连我自己都不能自保，更何况他人呢？"然后他便让人烧掉了这些书信，不再过问此事。

以德报怨是一种管理的大智慧，不仅能够安抚人心，而且还能够得到别人的忠贞不渝的辅佐和誓死效忠。以德报怨并不难，难的是不能理解其中的深刻道理，难的是知道了也不愿意去做。其实，一个人的周围并没有那么多的敌人，只要能够用自己的德行去包容人，得到人们的支持是迟早的事。

### ❦ 马上试一试 ❦

精诚所至，金石为开。一旦完善了宽容的性格，便能够通过以德报怨的方式最终感动对自己有偏见或有仇恨的人，赢得他们的好感。即使这些人不愿意帮助你，也不会再去想办法阻挠你。

# 7. 不念旧恶，活着踏实心不累

古人云："人之有德于我也，不可忘也；吾有德于人也，不可不忘也。"意思是：别人对我们的帮助，千万不可忘了，反之，倘若帮助了别人，应该乐于忘记。如果把握现在、着眼未来，把时间和精力完全放在做大事上，如此便没有不成功之理。

从前有一个富翁，他有三个儿子，在年事已高的时候，富翁决定把自己的财产全部留给三个儿子中的一个。可是，到底要把财产留给哪一个儿子呢？

富翁经过一番深思，想出了一个办法：他要三个儿子都花一年时间去游历世界，回来之后看谁能做到最高尚的事情，谁就是财产的继承者。

一年时间很快就过去了，三个儿子陆续回到家里，富翁要三个人都讲一讲自己的经历。

大儿子得意地说："我在旅行到一个贫穷落后的村落时，看到一个可怜的小乞丐不幸掉到湖里了，我立即跳下马，从河里把他救了起来，并留给他一笔钱。"

二儿子自信地说："我在游历世界的时候，遇到了一个陌生人，他十分信任我，把一袋金币交给我保管，可是那个人却意外去世了，我就把那袋金币原封不动地交还给了他的家人。"

三儿子犹豫地说："我没有遇到两个哥哥碰到的那种事，在我旅行的时候遇到了一个人，他很想得到我的钱袋，一路上千方百计地害我，我差点死在他手上。可是有一天我经过悬崖边，看到那个人正在悬崖边的一棵树下睡觉，当时我只要抬一抬脚就可以轻松地把他踢到悬崖下，我想了想，觉得不能这么做，正打算走，又担心他一翻身掉下悬崖，就叫醒了他，然后继续赶路了。这实在算不了什么有意义的经历。"

富翁听完三个儿子的话，点了点头说："诚实、见义勇为都是一个人应有的品质，称不上是高尚。有机会报仇却放弃，反而帮助自己的仇人脱离危险的宽容之心才是最高尚的。我的全部财产都是老三的了。"

有一句名言说："生气是用别人的过错来惩罚自己。"老是"念念不忘"别人的"坏处"，实际上深受其害的就是自己的心灵，搞得自己痛苦不堪，何必呢？这种人，轻则自我折磨，重则就可能产生疯狂的报复。

乐于忘记是成大事者的心胸。既往不咎的人，才可甩掉沉重的包袱，大踏步地前进。人要有点"不念旧恶"的精神，况且在同事之间，在许多情况下，人们误以为"恶"的，又未必就真的是什么"恶"。退一步说，即使是

"恶"，对方心存歉疚，诚惶诚恐，你不念旧恶，以礼相待，说不定也能改"恶"从善。

唐朝的李靖，曾任隋炀帝的郡丞，最早发现李渊有图谋天下之意，亲自向隋炀帝检举揭发。李渊灭隋后要杀李靖，李世民反对报复，再三请求保他一命。后来，李靖驰骋疆场，征战不疲，安邦定国，为唐朝立下赫赫战功。

宋代的王安石对苏东坡的态度，应当说也是有那么一点"恶"行的。他当宰相时，因为苏东坡与他政见不同，便借故将苏东坡降职减薪，贬官到了黄州，把他弄得非常凄惨。然而，苏东坡胸怀大度，他根本不把这事放在心上，更不念旧恶。王安石从宰相位子上垮台后，两人关系反倒好了起来。苏东坡不断写信给隐居金陵的王安石，或叙友情、互相勉励，或讨论学问，俩人谈得十分投机。

相传唐朝宰相陆贽，有职有权时，曾偏听偏信，认为太常博士李吉甫结伙营私，便把他贬到明州做长史。不久，陆贽被罢相，贬到明州附近的忠州当别驾。后任的宰相明知李、陆有点私怨，便玩弄权术，特意提拔李吉甫为忠州刺史，让他去当陆贽的顶头上司，意在借刀杀人。不想李吉甫不计旧怨，而且"只缘恐惧转须亲"。上任伊始，便特意与陆贽饮酒结欢，使那位现任宰相借刀杀人之阴谋成了泡影。对此，陆贽深受感动，便积极出点子，协助李吉甫把忠州治理得一天比一天好。李吉甫不图报复，宽待了别人，也帮助了自己。

其实，以宽容之心忘记旧恶，重拾友谊是一件非常值得的事情。比如你和别人发生矛盾，如果你主动示好，宽容一切，采取和解的行动，必能赢得对方敬佩，从而使双方的友谊更加亲密无间。

在美国新泽西州的一个小镇上，有一对叫捷克和康姆的邻居，他们谁也记不清到底是为什么，彼此之间非常的不和睦。有的时候还会发生口角。尽管夏天在后院开锄草机除草时车轮常常碰在一起，彼此也只是说两句怨气话，或者不打招呼便各自回家。

在夏天快要结束时，捷克和妻子假期外出。开始的时候康姆和妻子并未注意到捷克家的出游。一天傍晚，康姆在自家院子锄过草后，发现捷克家的草已很高了。自家草坪刚刚除过看上去特别显眼。对开车过往的人来说，捷克家的草坪很显然告诉别人，家中没有人，这样就会引来盗贼的"光临"。

康姆看着那高高的草坪，心里真不愿去帮他不喜欢的人。尽管他很努力地在脑子里抹去这种想法，但是那种帮忙的想法总是挥之不去。第二天，他就主动地把捷克家的草坪锄好了。

几天之后，捷克和他的妻子回来了。他们回来不久，捷克就在街上走来走去，并且在整个街区每个房子前都停留了一会。最后，他来到了康姆的房子前，敲开了康姆家的门。"康姆，是你帮我家锄草了？"捷克问，这也许是他很久以来第一次这样称呼康姆。"我问了所有的人，他们都没有锄。他们说是你干的，是真的吗？"捷克的语气几乎是在责备。

"是的，捷克，是我锄的。"康姆说，他的语气也带有挑战性，因为他听到的不是感激，而是一种责备。捷克此时有点犹豫，他不知道自己刚才说了些什么，他考虑了片刻，最后用低得几乎听不见的声音对康姆说了声"谢谢"便匆匆离去。

就这样，捷克和康姆打破了以往的沉默，他们的关系虽然还没有发展到一起出去郊游的地步。但他们的关系改善了。至少锄草机开过的时候，他们相互间有了笑容，有时甚至说一声"你好"。先前他们后院的战场现在变成了非军事区。在半年以后，他们俩家甚至可以一起出游了。如果不是康姆的不念旧恶，宽容了捷克，那么他们可能永远也无法成为朋友。

🌸 **马上试一试** 🌸

要在事业上有所成就，就必须建立良好的人际关系网，这就需要在交往中，多一点谅解和包容，少一些计较和固执，忘记彼此之间的不快和仇怨。

# 8. 以和为贵，屈己让人

"猝然临之而不惊，无故加之而不怒。"具有如此胸襟和气度的人，在关键时刻会显出一种宽宏大量的成大事者的风范。因为他们善让，即遇事不与人无谓地争高论低，而是通过退让的办法，去专注地做自己的事情。很多人之所以不能成大事，其中要害之一就是好争而不好让。

仅以待人接物而言，周作人先生具有宽容性格。

周作人平时行事，总是一团和气，他对于来访者也是一律不拒、客气接待，与来客对坐在椅子上，不忙不迫、细声微笑地对答，几乎没有人见过他横眉竖目、高声呵斥，尽管有些事情足可把普通人的鼻子气歪，他还是那么融洽地待人。

据说，他家有个下人负责里外采购，此人手脚不太干净，常常揩油。当时流通铜币，所以银元在使用时要先换成铜币，时价是1银元换460铜币。一次周作人与同事聊天谈及，坚持认为是时价二百多，并说是家人一向就这样兑换的，众人于是笑说他受了骗。他回家一调查，发现果然像朋友说的那样：自己被下人骗了，不仅如此，下人还把整包大米都偷走了。他没有办法，一再鼓起勇气，把下人请来，委婉和气地说："因为家道不济！没有许多事做，希望你另谋高就吧。"不知下人是怎么想的，忽然跪倒，求饶的话还没出口，周作人大惊，赶紧上前扶起说："刚才的话算没说，不要在意。"

又一次，周先生的一个学生穷得没办法，找他帮忙谋个职业。一次去问时，恰逢他屋有客，门房便挡了驾。学生疑惑周作人在回避推托，气不打一处来，便站在门口耍起泼来，张口大骂，声音高得可以让里屋也听得清清楚楚。谁也没想到过了三五天，那位学生得以上任了。有人问周作人："他这样大骂你，你反用他是何道理。"周作人说："到别人门口骂人，这是多么难的事，可见他境况确实不好，太值得同情了。"

有人说过这样一句话："谁若想在困厄时得到援助，就应在平时待人以宽。"就是说相容接纳、团结更多的人，在平常的时候共奋斗，在困难的时候共患难，进而增加成功的力量，创造更多成功的机会。反之，相容度低，则会使人疏远，减少合作力量，给成功之路增加人为的阻力。

一个年轻人抱怨妻子近来变得忧郁、沮丧，常为一些鸡毛蒜皮的事对他嚷嚷，甚至会对孩子无缘无故地发脾气，这都是以前不曾发生的。他无可奈何，开始找借口躲在办公室，不愿回家。一位经验丰富的长者问他最近是为什么而争吵，年轻人回答说，为了装饰房间发生争吵。

他说："我爱好艺术，远比妻子更懂得色彩，我们为了各个房间的颜色大吵了一场，特别是卧室的颜色。我想漆这种颜色，她却想漆另一种颜色，我不肯让步。因为我对颜色的判断能力比她要强得多。"

长者问："如果她把你办公室重新布置一遍，并且说原来的布置不好！你会怎么想呢？"

"我绝不能容忍这样的事。"年轻人答道。

于是长者解释："办公室是你的活动范围，而家庭及家里的东西则是你妻子的活动范围。如果按照你的想法去布置'她的'厨房，那她就会有你刚才的感觉，好像受到侵犯似的。当然在住房布置问题上，最好双方能意见一致，但是要记住在做出决定时也要尊重你妻子的意见。"

年轻人恍然大悟，回家后便对妻子说："你喜欢怎么布置房间就怎么布置吧，这是你的权力，随你的便吧！"妻子大为吃惊，几乎不相信。年轻人解释说是一个长者开导了他，他百分之百地错了。妻子非常感动，后来两人言归于好。

夫妻生活和其他许多人际关系一样，会有这样那样不尽如人意的地方，针锋相对永远也不是解决问题的好方法，要学会主动让"道"，使双方更多感受到宽容的力量，只有以宽容态度面对问题，才可能很好地解决问题。

### ❋ 马上试一试 ❋

在人生的旅途中，能够主动让"道"，宽容一些，将会省去很多的麻烦，也能减少许多烦恼。完善宽容忍让的性格，不仅会给你增加魅力，也会给你带来意想不到的收获。

# 9. 缺点谁都有，不要盯着不放

人无完人，金无足赤。如果忽略这个道理，一味追求完美，最终将徒劳无功。欧阳修曾说："有贤豪之士，不限于下位；有智略之才，不必试以弓马；有山林之杰，不可薄其贫贱。"如果一味苛求，不仅难以得到可用之人，而且难以得到一个真正的朋友。久而久之，就会成为孤家寡人。

正所谓"一人难调百口"，在评价同一个人的时候，不同的人也会有不同的看法。因此，在不能得到所有人满意的时候，很多人都会安慰自己："不求尽如人意，但求问心无愧。"既然懂得如何为自己解围，就更不能处处苛求别人。

《世说新语》中有这样一个故事：管宁和华歆原是同窗好友，二人经常同坐在一张席子上读书。后来有一天，有个显贵人物前呼后拥地从他们门口经过，管宁照旧读书，而华歆却放下书本去看热闹。不料管宁就此割断席子，将座位一分为二，提出与华歆绝交。从那以后，两人真的断绝了来往。

古人云：水至清则无鱼，人至察则无徒。一个事事苛求的人，很难得到一个真正的朋友。朋友之间不应过于苛刻，只有多一分理解，才能保证友情的持久。

与管宁不同的是，鲍叔牙却能够做到不苛求，时时为管仲着想。两人一起做生意时，管仲出力少却得利多；在上战场打仗的时候，管仲屡屡做逃兵。如果以管宁对待朋友的标准来衡量管仲，鲍叔牙与他绝交10次恐怕都不止。可是鲍叔牙并没有这样做，他知道管仲家贫，于是主动放弃一些利益；知道管仲家有老母，做逃兵是为了尽孝道。当齐桓公要求鲍叔牙主管朝政的时候，鲍叔牙又竭力举荐管仲，认为管仲治国的才学高于他，只有管仲才是辅佐齐桓公称霸的不二人选。鲍叔牙的行为流芳百世，不仅仅是因为他的眼光，更因为他对朋友的理解和支持。

交友如此，用人也应该如此。《汉书》中说："论大功者不录小过，举大善者不疵细瑕。"当一个人有才华时，聪明的用人者会毫不犹豫地包容他的缺点，然后将他的才华发挥得恰到好处，从而使自己的事业更加辉煌。

美国南北战争初期，北军处于被动地位，主要原因是该军将领的才能比不上南军将领。依照宪法，全军有一位总司令，在实际战场上另有陆军司令和海军司令。

身为北军总司令的林肯所依靠的第一位陆军司令是麦克莱伦将军，此人虽然有些才能，但怯于拼刺刀。他曾率军逼近南方首都里士满，却因胆怯止步，结果给南军以喘息之机，并被南军击败。更为可恶的是，此人骄傲自满，把林肯看作乡下佬，根本不听林肯指挥。

1861年11月的一个夜晚，林肯与秘书约翰·海、国务卿西华德一起来到麦克莱伦的寓所。当时，麦克莱伦的仆人说他参加婚礼去了，很快就回来。然而，事实并非如此。

"我们进屋等了约一个小时，麦克莱伦回来了。"约翰·海在日记中写道，"仆人告诉他，总统在客厅等他，但他却从总统和国务卿所在的房间门前走过并径直上楼去了。总统又等了约半个小时，再次派仆人去告诉将军，他们仍等着，但得到的却是冷冰冰的回话，'说将军已上床睡觉了'。"

约翰·海在日记中继续写道："回家后，我对总统谈到这件事，但他似乎并不在意。他说，特别是在这个时候，最好不要去计较繁文缛节和个人尊严。"后来，林肯又说："只要麦克莱伦能为我们赢得胜利，我情愿为他牵马。"

然而，麦克莱伦并未给林肯带来胜仗。林肯无奈，于1862年11月5日发表了撤职令：兹命令解除麦克莱伦少将波托马克军团司令的职务，由伯恩赛德少将接任该军团司令。

接着，胡克少将接替了伯恩赛德，米德少将又接替了胡克。1863年7月，南军统帅罗伯特·李将军进军宾夕法尼亚，米德在葛底斯堡抵住南军。一场大仗过后，双方死伤惨重，罗伯特·李不得不宣布撤退。林肯命令米德追击，但米德却违抗了军令，率军返回。

次日，儿子罗伯特看到林肯在办公桌上暗泣，便问道："爸爸，发生了什么事？"林肯说："米德将军放走了罗伯特·李将军，我们将为此多死10万人。"

后来，林肯又换了一位将军，他就是取得维克斯堡大捷的格兰特少将。当时，林肯把他召到华盛顿，并加封他为中将。有人控告格兰特有酗酒的毛病，一个由纽约教会人士组成的代表团为此谒见林肯，认为不应对其委以重任。

林肯耐心地听完了他们的话，然后问道："请问你们知道他喝的酒是什么牌子吗？"得到否定的答案后，他接着说："很遗憾。如果你们能告诉我是什么牌子，我将购置这种酒，然后分发给各战场司令，以便让他们喝了后也可以打胜仗。"

林肯是一个不苛求的人，他看重的是一个人的才能。如果因为小毛病而对一个人的出众才华视而不见，这样的用人者无疑是个孤立者，因为他永远找不到一个可用的人才。毕竟，每个人都有缺点，包括用人者自己。

汉高祖刘邦在做汉王的时候也曾犯过苛求的毛病，差点把韬略十足的陈平抛弃。

陈平初到汉营时，就受到汉王刘邦的赏识。周勃、灌婴等人固然不满，于是在汉王面前说陈平的坏话："陈平虽然是个美男子，但他的美貌正如帽子

上的美玉，不过是装饰而已，不能证明他有真本领。臣听说陈平居家时与嫂子私通，羁旅时反复无常，先在魏王处做事，后又在楚王处做事，如今又归附汉王您。大王让他担任护军之职，他却借此收受贿赂，根据送礼的多少来安排送礼人的去处。希望大王明察。"刘邦听后召来举荐陈平的魏无知，把他狠狠批评了一顿。魏无知辩解道："我之所以举荐陈平，是因为他有才能，大王问的却是他的品行。尾生、孝己这样的人虽然有好的品行，但却没有战胜敌人的谋略，即使现在有这样的人存在，大王难道有时间去找他们吗？如今楚汉对峙，臣在举荐的时候考虑的只是一个人的计谋能否对国家有利，而不是去考虑这个人是否与嫂嫂私通、是否受贿等等。"

刘邦又召来陈平，并责问："先生先效忠魏王，接着效忠楚王，如今又跟随我左右，这是一个讲信义的人能够做出的事情吗？"陈平答道："臣侍奉魏王的时候，魏王不愿意采用臣的建议，所以前去投奔楚王。楚王项羽用人疑人，所信任的只是项氏及其妻子的兄弟，所以臣离开了楚王。听说大王善于用人，所以臣前来归附大王。臣初来此地时身无分文，不收受贿赂就无法安身。如果臣的计谋有可取之处，希望大王采用；否则，请大王把我收受的贿赂充公，并允许我带着无用之身离开。"听了这番话后，刘邦觉得句句在理，于是向他道歉、给予重赏，又任命他为监督各位将领的护军中尉。

不久，楚军破坏了汉军粮道，并急攻汉军，汉王被困在荥阳城中。见粮草不济，刘邦以割让荥阳以西为条件求和，遭到楚王项羽的拒绝。于是，刘邦向陈平问计。陈平利用项王的疑心在楚营中实施离间计，使得范增这位谋略出众的谋士离开了项王。如此一来，项王如同失去一臂。

如果刘邦不能及时悔悟，固执地要计较陈平身上的瑕疵，无疑会白白将一个智谋型人物抛弃，在成就霸业的道路上便少了一个得力的谋士。

### 🌸 马上试一试 🌸

如果以苛求的眼光来看待万物，即使苦苦搜寻也不会有任何收获，到头来只会把自己折磨得筋疲力尽。既然希望别人理解自己，就应该试着去理解别人。只有这样，才能拥有更多的朋友，才能拥有更多的事业合作伙伴。

# 第二章 时刻牢记谦虚二字，傲气太重伤人害己

傲骨可长存，傲气可永弃。只有保持谦虚，在言行举止中不咄咄逼人，才不会激起他人的恼怒和嫉妒之心。

# 1. 才高更要谦虚，祸自傲气太重

才高八斗更需低调，学富五车还要谦虚。正所谓"屈己者能处众，谦虚者能处身"。

东汉末年曹操招安刘表时，祢衡正在献帝处做事。为了保证招安顺利，贾诩进谏说："刘表喜欢结交名流，要想招降他，一定要派一位有大才的人前去。"许攸向曹操推荐孔融，孔融转而推荐祢衡。

曹操得到献帝的许可后，派人将祢衡召至丞相府。祢衡行礼后，曹操并不令他就座。祢衡见曹操如此怠慢，于是仰天叹道："天地虽阔，何无一人也！"曹操说道："我手下的几十个人都能称得上是当世英雄，你为什么说我帐下无人？"祢衡问曹操手下都有哪些人。曹操一一列举，说荀彧、荀攸、郭嘉、程昱等四人"机深智远，虽萧何、陈平不及"；张辽、许褚、李典、乐进等四人"勇不可当，虽岑彭、马武不及"；吕虔、满宠可为从事，于禁、徐晃可为先锋；夏侯惇是天下奇才，曹子孝是世间福将。祢衡听完曹操的话后，把曹操提到的这些人大贬一通，说荀彧可以"吊丧问疾"，荀攸可以"看坟守墓"，程昱可以"关门闭户"，郭嘉可以"白词念赋"，张辽可以"击鼓鸣金"，许褚可以"牧牛放马"，乐进可以"取状读招"，李典可以"传书送檄"，吕虔可以"磨刀铸剑"，满宠可以"饮酒食糟"，于禁可以"负版筑墙"，徐晃可以"屠猪杀狗"，夏侯惇可以称为"完体将军"，曹子孝可以称为"要钱太守"，其他的人都是"衣架、饭囊、酒桶、肉袋"。曹操大怒道："你又有什么能耐呢？"祢衡毫不掩饰，说自己"天文地理，无一不通；三教九流，无所不晓"，上可以"致君为尧、舜"，下可以"配德于孔、颜"。曹操见祢衡如此傲慢，本想杀他，但考虑到祢衡远近闻名，担心杀了他之后会影响到自己的名声，于是令他做了一个小小的鼓吏，想借此羞辱祢衡一番。

曹操让祢衡做鼓吏，祢衡并没有推辞。第二天，曹操大宴宾客，令鼓吏击鼓为乐。以前的鼓吏对祢衡说击鼓一定要更换新衣，祢衡并不理会。他来到大厅，击鼓演奏了一曲《渔阳三挝》，节奏异常美妙，使听者"莫不慷慨流涕"。曹操近臣向祢衡大声喝道："为什么不换衣服？"没想到祢衡当着众人面脱下了衣服，"裸体而立，浑身尽露"。随后，他旁若无人般慢慢换上衣服。曹操叱责他说："庙堂之上，你为什么这么无礼？"祢衡答道："欺君罔上才是无礼的表现。我不过是露出父母给我的身体，显示自己的清白而已。"曹操顺势问道："汝为清白，谁为污浊？"祢衡狠狠数落了曹操一番，说他不识贤愚是眼浊，不读诗书是口浊，不纳忠言是耳浊，不通古今是身浊，不容诸侯是腹浊，常怀篡逆是心浊，然后接着说道："我是天下的名士，你却用我为鼓吏，如同阳货轻孔子，臧仓毁孟子！你想成就王霸大业，哪有如此怠慢贤士的道理？"

随后，曹操令祢衡以使者的身份去荆州招降，祢衡不答应。于是曹操一方面让人备了三匹马，派两个人挟着他前去，另一方面又让手下的文臣武将在城门外送他。曹操之所以这样做，一方面是为了表示对祢衡的尊重，另一方面又想借刘表之手除掉祢衡。祢衡到了荆州后，戏谑刘表。刘表同样不想背上害贤之名，于是又把祢衡送到了部下黄祖处。

一次，黄祖与祢衡共饮，不一会两人都有了醉意。黄祖问祢衡："你在许都结识了哪些人？"祢衡答道："大儿孔融，小儿杨修。除此二人，别无人物。"黄祖接着问道："你看我怎么样？"祢衡答道："你就像庙中供奉的神像，虽然受人祭祀，却一点儿都不灵验！"黄祖大怒，将祢衡斩杀。

祢衡是恃才傲物的典型，其命运无疑是悲惨的。从他与曹操的对话中可以看出，他也有成就一番事业的抱负。但是，就因为他的目中无人，不仅没有人愿意重用他，而且很多人都想除之而后快。

也有人说，祢衡如果遇到刘备，肯定会有一番作为，因为刘备是一个懂得宽容的人。如果仅从祢衡的才能方面讲，这是可能的。但是，刘备不是孤立的。如果他始终不能改掉嘲讽别人、贬低别人的本性，尽管刘备不会难为他，但很难保证刘备身边的人不会难为他。

在戒除傲气、保持谦虚方面，近代人曾国藩做得非常到位。

曾国藩在家书中写道："古来言凶德致败者约有二端：曰长傲，曰多言。历观名公巨卿，多以此二端败家丧生。余生平颇病执拗，德之傲也；不甚多言，而笔下亦略近乎器讼。凡傲之凌物，不必定以言语加入，有以神气凌之者矣，有以面色凌之者也。凡心中不可有所恃，心中有所恃则达于面貌，以门第言，我之物望大减，方且恐为子弟之累；以才识言，近今军中练出人才颇多，弟等亦无过人之处，皆不可恃。"

"余家后辈子弟，全未见过艰苦模样，眼孔大，口气大，呼奴喝婢，习惯自然，骄傲之气入于膏肓而不自觉，吾深以为虑。"

从上面文字可以看出，曾国藩十分谦虚。他认为自己享有大名，是因祖宗积德所致，且总觉名望太大，因此教育家人不可倚势骄人；傲气是致败的原因之一，并指出傲气的表现形式在言语、神气、面色三个方面。他谆谆告诫弟弟们要谦虚，对于没有经历过艰苦的后辈子弟，他更担心，怕他们不知不觉地染上骄傲的习气。

"天道忌盈"，是曾国藩颇欣赏的一句古话，他认为"有福不可享尽，有势不可使尽"。他"势不多使"的内容是"多管闲事，少断是非，无感者也无怕者，自然悠久矣"。他也很喜欢古人"花未全开月未圆"七个字，认为"惜福之道，保泰之法莫精于此"。他主张"总须将权位二字推让少许，减去几成"，则"晚节渐渐可以收场"。

曾国藩于道光二十五年（1845）给弟弟们的信中教诲说："常存敬畏，勿谓家有人做官，而遂敢于侮人；勿谓己有文学，而遂敢于恃才傲人。"

后在军中，军务繁忙，他仍写信告诫沅弟说："天下古今之庸人，皆以一'惰'字致败，天下古今之才人，皆以一'傲'字致败。"

同治二年（1863），曾国荃进军雨花台，立下战功，然曾国藩要求他"此等无形之功，吾辈不宜形诸奏牍，并不必腾诸口说，见诸书牍"，叫他不要表功，认为这是"谦字真功夫"。

曾国藩为官不傲，也与磨炼有关。道光年间，他在京做官，年轻气盛，时有傲气，"好与诸有大名大位者为仇"；咸丰初年，他在长沙办团练，也动辄指摘别人，与巡抚等人结怨甚深；咸丰五六年间，在江西战场上，又与地方官员有隔阂。咸丰七八年在家守制，经过一年多的反省，他开始认识到自己办事常不顺手的原因。他自述道："近岁在外，恶（即憎恶）人以白眼蔑视京官，又因本性倔强，渐进于愎，不知不觉做出许多不恕之事，说出许多不恕之话，至今愧耻无已。"又反省自己"生平颇病执拗，德之傲也"。

他进一步悟出了一些为官之道："长傲、多言二弊，历观前世卿大夫兴衰及近日官场所以致祸之由，未尝不视此二者为枢机。"因此，他自勉"只宜抑然自下"。在官场的磨砺之下，曾国藩日趋老成，到了晚年，他的"谦"守功夫实在了得。他不只对同僚下属相当谦让，就是对手中的权势，也常常辞让。

自从咸丰十一年（1861）实授两江总督、钦差大臣之后，曾国藩位高名重，却多次上疏奏请减少自己的职权，或请求朝廷另派大臣来江南协助他。他的谦让是出于真心，特别是后来身体状况日趋恶化，他更认为"居官不能视事，实属有玷此官"，多次恳请朝廷削减他的官职，使自己肩负的责任小些，以图保全晚节。

除了为官外，曾国藩在居家和求学的过程中也处处体现出了谦虚的品格。可以说，没有谦虚，就没有曾国藩的不败人生。

傲骨可长存，傲气可永弃。只有保持谦虚，在言行举止中不咄咄逼人，才不会激起他人的恼怒和嫉妒之心。

### ❀ 马上试一试 ❀

明枪易躲，暗箭难防。与其因傲气伤人而处处防范受人攻击，不如完善谦虚性格，时时保持谦虚赢得他人的好感。

# 2. 改掉盛气凌人的习惯

一些人因有才、有势、有名或有钱而觉得高人一等，处处显示出一副不可一世的样子，言行举止高傲自大，态度盛气凌人，根本不把别人放在眼里。这样的人只可能交结到一些"酒肉朋友"，被世人唾弃。只有谦虚、和逊的人，才能很快融入大众，受到人们的尊重。

生活中不难发现这样的人：虽然思路敏捷，口若悬河，积极能干，但他讲话别人都不愿意听，做事也没人愿意合作。为什么？因为他表现骄傲、狂妄，言行举止盛气凌人，让人感觉不舒服，因此，即使他能力出众，即使他的建议很到位，观点很有说服力，但是别人也不愿意接受他的态度。

这种人大多都喜欢表现自己，总想让别人知道自己很有能力，处处想显示自己的超卓之处，从而获得他人的敬佩和认可，表明其与众不同。但结果却往往适得其反，费力不讨好。在社会交往中，人敬我一尺，我敬人一丈，懂得谦虚的人能赢得更多人的认可，骄傲自满、自以为是的人往往会四处碰壁。

所谓"好钢用在刀刃上"，一个人，如果有能力、有地位、有名望尽可用在该用的地方上，而不是把它作为自高自大、盛气凌人的资本，去招人厌烦，遭人嫌弃。在与人交往中，不能刻意显示自己，使得别人相形见绌，让人心里不舒服，而是要表达自己对对方的礼貌和尊敬，这是个人修养的体现。

据说英国作家萧伯纳从小就很聪明，且言语幽默，机灵善辩。但是年轻时的他自恃口才了得，知识丰富，神态盛气凌人，言语尖酸刻薄，凡是跟他有过交流的人，对他的知识和口才都非常佩服，但是对于他的言行举止、行为作风却很不以为然。时间一长，跟他交往的人便越来越少，人人对他都避而远之，怕被他尖酸的言辞奚落。后来，他的一个长辈看不过去，私下对萧伯纳说："你出语幽默，言辞风趣，常常会让人喜笑颜开，这是优点。但是大家觉得，如果你不在场，他们会更快乐，更轻松。因为别人都觉得比不上你，有你在，大家都不敢轻易开口，怕在你跟前丢丑。你的知识口才确实比他们高明，但这么一来，你的那些朋友都将逐渐离开你。这对你又有什么好处呢？"长辈的这番话使萧伯纳如梦初醒。所以他决心从此以后再也不讲尖酸的话，对人要谦和，把能力发挥在文学上。这一转变不仅奠定了他后来在文坛上的地位，而且他的人格魅力也受到了人们的欢迎，赢得了人们的尊重。

有些人只是把自己或者自己的长处看得无比宝贵，忽视别人的感受。他们不明白，社会是个群体，如果没有人欣赏，即使是世界上最璀璨的明珠也比不上一块带给人快乐的普通的石子。

大家都看过河边的鹅卵石，一个个圆溜溜，光滑滑，十分好玩有趣，可是据说在很久以前，可不是这样。

很早以前，河边的鹅卵石也跟别的地方的石头一样，浑身长满尖锐的棱角。一天，因为一个鹅卵石不小心被别的鹅卵石用棱角刺了一下，双方大打出手。结果，你碰我挤，导致所有的鹅卵石开始了一场混战。每块鹅卵石都像疯子一样，用自己身上最尖锐的地方向伙伴们狠狠地刺去，大家斗得天昏地暗，日月无光。很长时间以后，遍体鳞伤的鹅卵石们没有精力再打下去了，便不约而同地住手。然而在河滩上四处一看，鹅卵石们都傻眼了，不仅很多鹅卵石粉身碎骨，没有了踪影，而且幸存的鹅卵石们一个个也都变得光滑圆溜，身上所有尖锐的棱角在这次混战中都给磨掉了。蓦然，所有的鹅卵石都欢呼起来，因为他们没了可以刺伤别人的棱角。

### ❀马上试一试❀

盛气凌人的傲慢态度就像是鹅卵石身上的棱角，刺了别人也伤害了自己，最终还是落个被抛弃的下场。而谦虚做人的人，就如同去了棱角的鹅卵石，能够与其他同伴融洽相处。

# 3. 学无止境，自满则溢

"尺有所短，寸有所长"，每个人都有长处和不足。古希腊哲学家苏格拉底说过："我知道的越多就越发现自己的无知。"学习是一个不间断的过程，如果因自满而放弃学习，必将随着时代的变化而成为对知识一知半解的人。

谦虚好学的人会因为善于学习而获得进步，走向成功，盲目自大的人会因为自以为是与成功渐行渐远。古代的大学问家都如此谦虚，自认为无知，对于我们这些普通人来说，所知道的东西就更加有限了。假若没有一点自知之明，有了点成就便沾沾自喜，而不知进一步学习，这样的表现不但无益，而且还很可悲。成功的人都善于学习，只要有谦虚好学的态度，任何时候任何地方任何人，都有值得学习、借鉴的地方。

孔子说：三人行，必有我师。意思是说每个人身上都有值得学习借鉴的地方；人们常说"处处留心皆学问"，只要认真揣摩，任何时候都有可学习的事物？

相传孔子带着学生到鲁桓公的祠庙里参观，看到一个可用来装水的器皿，倾斜在祠庙里。守庙的人告诉孔子和他的学生："这个东西叫欹器，是放在座位跟前用来警戒自己的器皿，作用跟'座右铭'差不多。"

孔子说："我听说过这种用来装水的器皿，在没有装水或装水少时就会歪倒；水装得不多不少时就会端端正正，稳稳当当；里面的水装得过多或装满了，它也会翻倒。"说着，孔子回过头来对他的学生们说："你们往里面倒水试试看吧。"学生们听后舀来了水，一个个慢慢地向这个可用来装水的器皿里灌水。果然，当水装得适中的时候，这个器皿就端端正正地立在那里。不一会儿，水灌满了，它就翻倒了，里面的水流了出来。再过一会儿，器皿里的水流尽了，就又像原来一样歪斜在那里了。

这时候，孔子便长长地叹了一口气说道："唉！世界上哪会有太满而不倾覆翻倒的事物啊，欹器装满水就如同骄傲自满的人那样容易倾倒。因此为人要谦虚谨慎，不要骄傲自满。"

几千年前的孔子从一个容器里就能有"做人不可以骄傲自满，为人要谦虚谨慎"的认识，我们怎能不懂得"恃才傲物寸步难行，谦虚好学可成大器"的道理呢？

法国数学家笛卡儿是一位知识渊博的伟大学者，一次，有人问这位伟大的数学家："你学问那样广博，竟然感叹自己的无知，是不是太过谦虚了？"

笛卡儿说："哲学家芝诺不是解释过吗？他曾画了一个圆圈，圆圈内是已掌握的知识，圆圈外是浩瀚无边的未知世界。知识越多，圆圈越大，圆周自然也就越长，这样它的边沿与外界空白的接触面也越大，因此未知部分当然就显得更多了。"

懂得的越多，越觉得自己无知，有些人会觉得这很矛盾，其实一点儿不！笛卡儿的比喻十分形象。知识多的人，在于他知道世界还有很多奥妙，也就是知道自己的无知。而无知的人，根本就不知道这世界是怎么回事，因此他也不会知道自己的浅薄。

人无论在任何时候都不要以为自己知道了一切，一旦你觉得自己无所不知，那么正是你无知的表现。只有愚蠢的人才会妄自尊大、自鸣得意。聪明的人总会经常向别人请教，不管人们把他评价得多么高，他都会清醒地对自己说：我知道的还远远不够，每个人都是我的老师。

有人说："虽然我谦虚地向别人拜师，但别人好像并不愿意教我。"如果真是这样，不妨反省一下自己。要知道，"拜"只是虚心求教的第一步，如果在以后的语言和行为中不知不觉流露出自大情绪，即使不断地拜师也难以得到真传。因为没有人愿意和目中无人、趾高气扬的人交往，更没有人愿意把自己所学的东西传授给这种人。唯有时时谦虚、处处谦虚，事情才会出现转机。

**马上试一试**

人类有着几千年浩瀚的文明史，个人所掌握的知识相比之下就如同沙漠里的一粒沙，大海中的一滴水，几乎是微不足道的。就算是再怎么努力的人，也无法掌握知识海洋之万一，更别提骄傲自满、自以为是的人了。只有不断学习，时刻保持谦虚上进之心，才能学到更多的知识，取得更大的成就。

# 4. 屈身向人请教，低头聆听教诲

*如果成功有捷径的话，那就是以谦虚的态度向人请教。*

俗话说："吃得苦中苦，方为人上人。"此话虽然正确，但并不全面，因为吃苦只是超越常人的一个必须条件。其实，要想强于他人，需要做的不仅仅是勤奋刻苦地学习、积累，谦虚同样重要。

成功虽然没有捷径，但却可以借助外力，而最直接的方式莫过于向人请教。在请教他人的过程中，只有把自己放在低处，以恭敬的态度谦虚地对待他人，才能得到他人真心的指点和教诲。

为了学到上等的丹青技巧，一个年轻人到处拜师学艺。然而，令他失望的是，尽管自己不辞辛劳，但却毫无所获。不过，年轻人并不放弃，继续跋涉寻求名师。

一天，年轻人来到了一座名寺，向该寺擅长丹青的大师请教。见到大师后，他就开始抱怨："为了能够提高自己的丹青水平，我已经走遍千山万水。虽然拜见了无数个有名的丹青高手，但却没有遇到一个能够让我佩服的老师。"

待年轻人停止说话后，大师笑着问他："真是这种情况吗？"

年轻人满脸无奈地说："经历了这么多年后，我才发现世上不乏徒有虚名的人。每次拜师，我都是慕名前往，结果总是带着失望离去。虽然这些所谓的高手没有在我面前提笔，但我已经从他们的画帧中看出了他们的拙劣。"

大师仍然笑容可掬："虽然与施主刚刚见面，但老僧已经感到施主并非常人，对丹青应该有很深的造诣。老僧虽然对丹青一窍不通，但对名画还是非常感兴趣的。希望施主不吝墨宝，为老僧作幅画。"待小和尚端来笔墨纸砚后，大师又说："老僧酷爱品茶，烦请施主画一幅倒茶图，一杯、一壶、一水即可。"年轻人不假思索，一挥而就。一幅栩栩如生的倒茶图呈现在大师的眼前：一股冒着热气的茶水从倾斜的精致水壶中泄向同样精致的茶杯。

年轻人见大师沉默不语，于是问大师是不是有不满意之处。大师说："画是不错，但茶壶和茶杯的位置有所不妥，茶杯应该高出茶壶才是。"

年轻人不解地问道："大师是不是在装糊涂。水往低处流，如果按照大师所说，那么如何倒茶呢？"

大师微微一笑，开导年轻人说："你说得很对。其实，拜师也是如此。丹青大师如同茶壶，你如同茶杯。"

正所谓"地低成海，人低成王"。对于大海来讲，只有保持较低的位置，才能容纳百川的水流；对于一个人来讲，只有把自己放低点，时时保持谦虚，才能在生活中得到各位大师智慧的浇灌，从而博采众长、步步登高。

著名节目主持人杨澜，就是这样一个懂得谦虚、不断学习的人。

1994年，杨澜从一个学生成为《正大综艺》的节目主持人，她把一个有着良好家教和较高文化素养的青春少女形象和富有女性细腻情感的职业妇女形象统一在一起，为我们创造了一种既高雅又清纯，既轻松又令人回味的主持风格。

在完成了《正大综艺》200期制作之后，杨澜没有因为自己的成绩而骄傲自满，她知道人应该把自己放在一个较低的位置，应该不断攀登新的台阶，于是，她跨越太平洋去了美国，攻读哥伦比亚大学国际传媒硕士学位。

当时很多人都不能理解，因为杨澜已经取得了成功，已经成为世界级的著名节目主持人，她完全可以在她的地位上享受已经获得的荣誉。

但所谓"天外有天，人外有人"，如果不学习就会落后于他人。当杨澜再一次出现在媒体上时，她的形象发生了很大的变化。她的境界提升了，她在自己的人生道路上又上了一个台阶。

有些人浅尝辄止，满足于一时的成功。他们虽然值得庆贺，但不值得人敬佩。只有那些谦虚上进、不断进取的人，才能够成为耀眼的"明星"。

成就的获取固然离不开吃苦，但如果能够借助外力使自己少吃点苦，自然是件好事。比如，如果有了足够的资本，就不用像众多白手起家的商人那样需要为积累资本而付出大量的努力，而可以把更多的精力用在思考如何投资上面；如果能够从他人那里学到一些经验、窍门等，就不用白白花费体力和脑力去钻研、探究这些既成的东西了，正如人们会放心大胆地用他人总结出来的真理来证明自己的观点一样。

### 🌿 马上试一试 🌿

山外青山楼外楼，强中自有强中手。不要因自己有几分才能就目空一切，否则只会错过成功的最好机会。时时保持和完善谦虚的品性，就会在有意无意间得到他人的指点和教诲，从而不断超越自己、超越他人。

# 5. 胜败无期，骄傲必败

人在任何时候，都不可以有傲气。傲气不仅会引起他人的不满，而且会被竞争对手利用。一些高明的竞争对手常常会在你自满的时候，更加放纵你，使你变得更加妄自尊大。一旦你疏于防范，对手便会轻而易举地战胜你。

前秦王苻坚在贤臣王猛的竭力辅佐下，把前秦治理得国库充盈、民安物阜。因此，苻坚对王猛的话言听计从。好景不长，王猛得了重病，临终前，王猛仍不忘国事，向世祖进言："晋虽僻陋吴、越，乃正朔相承。亲仁善邻，国之宝也。臣没之后，愿不以晋为图。鲜卑、羌虏，我之仇也，终为人患，宜渐除之，以便社稷。"

　　然而，前秦王苻坚虽然在王猛生前处处听其建议，但却没有将王猛关心社稷的遗言记住。见长江以北的所有地区都在前秦版图之内，苻坚渐渐妄自尊大，遂有一统山河之志，并把东晋作为了第一个攻打目标。

　　尚书左仆射权翼进谏说："往日商纣王昏聩无道，周武王考虑到其朝中有"三仁"，遂未立即发兵。如今东晋虽然微弱，但东晋国主并没有大恶，再加上谢安、桓冲等文臣武将都是江表人杰，此时的东晋君臣和睦、内外同心，不可以图取。"由于群臣持有异议，苻坚难以决断，遂与其弟阳平公苻融单独商讨。苻融认为前秦讨伐东晋有"三难"，一是"天道不顺"，二是"晋国无衅"，三是前秦"数战兵疲，民有畏敌之心"。苻坚急于灭掉东晋，不听其劝。他说："前秦攻打东晋，如同疾风扫秋叶，然而朝廷内外都说不可，真不知是何原因。"太子苻宏又劝道："如今前秦不得天时，东晋国主又没有罪过。如果大举进攻而无功而返，将会使威名外挫、财力内竭，这就是群臣认为不可的原因。"苻坚反驳道："当年我灭前燕时，同样不得天时，最终还是凯旋。秦灭六国时，难道六国君主都是暴虐之主吗？"

　　永坚二十七年（383），苻坚下诏征兵备战，除了从百姓中征兵外，还赐封愿意参军的良家少年为官。朝臣都持反对意见，唯有朝中的鲜卑领袖慕容垂、羌人领袖姚苌赞成。苻融不忍苻坚糊涂下去，说鲜卑、羌虏是前秦的仇敌，"常思风尘之变以逞其志"，劝他不要接受他们的策略；而良家少年都是富饶子弟，对军旅毫不知晓，只会察言观色、附会迎合。此时的苻坚已经失去了理性思维，根本不愿意去思索敌我双方的实力，结果草率宣战。

　　淝水一战，前秦联军溃败，苻坚负伤只身而逃。随后，慕容垂、姚苌先后反叛。在内外交困的处境下，前秦开始分崩离析，曾经叱咤风云的苻坚只能扼腕叹息。

　　永坚二十九年（385）八月，气数已尽的苻坚被姚苌杀害。

　　一个人一旦骄傲起来，就会高估自己的实力，低估对手的实力。此时，即使有人在身边劝阻，他也会认为这是在"长他人志气、灭自己威风"，非但不会听取他人的意见，反而会责怪他人。苻坚之所以会一败涂地，使得前秦帝国毁于一旦，就是因为他的骄傲自大。

　　公元前284年，燕将乐毅率领大军攻齐，一路过关斩将、所向披靡，连克齐城70余处，并快速向齐仅剩下的莒城和即墨城推进。当时，燕军分为前、后、左、右四军，将莒城和即墨城团团围住。此时，齐发生内乱，齐闵王在内乱中被杀，其子法章即位，是为齐襄王。齐襄王下令军士固守两城，顽强抵御燕军。当时，齐襄王在莒城，齐名将田单在即墨城。在他们的引导下，齐军民团结一心，誓死不降。乐毅见屡次围攻皆没有进展，于是有了打持久战的想法。不料，两军竟然对峙了整整三年。

公元前279年，燕昭王去世，其子即位，是为燕惠王。乐毅虽然受到燕昭王的信任，但却与燕惠王早已产生矛盾。于是，了解到这一情况的田单立即采取了反间计，派人入燕散布谣言，说乐毅既然能够一鼓作气，攻下齐城70余处，肯定有能力攻克已经苦苦支撑了三年的莒城和即墨城，但他却迟迟不肯行动。之所以会如此，是因为燕惠王与乐毅有旧隙，乐毅担心胜战归国后被诛杀，于是通过延长攻城的时间来控制兵权，进而伺机自立。燕惠王果然中计，下令乐毅迅速归国，由将军骑劫前去接替军务。身经百战的乐毅也有自知之明，逃往赵国保身。

骑劫有勇无谋，接收兵权后立即下令发动总攻，但仍然没有战果。田单见耐心十足、谋略不俗的乐毅被眼前这个才能平庸的骑劫取代后，心中大喜，决定利用这个大好时机进行反攻。他先是扬言说："我唯一害怕的是燕军割掉我军降卒的鼻子后让这些降卒在前面开路，一旦如此，即墨必败。"骑劫早就想采用威慑手段来恐吓城内的齐军，以便使齐军放弃反抗，听到田单的话后非常高兴，立即下令割掉燕军中齐军降卒的鼻子，并让他们走在军队前面向即墨城内的齐军示威。不料，骑劫的做法不仅没有震慑住即墨城中的军民，反而加深了他们对燕军的敌视和痛恨，坚定了宁死不屈的决心。接着，田单又扬言说："我害怕燕军挖掘我们祖先在城外的冢墓，以此辱没我们的祖先。这样的话，即墨将亡。"骑劫得知后又信以为真，令人掘墓毁尸。见到燕军接二连三的兽行，即墨城内军民忍无可忍，将领纷纷主动请缨，要求杀敌雪耻。

田单并不急于反攻，而是继续麻痹燕军，一方面以老弱残兵、城中妇女守城，造成齐军主力锐减、一击即溃的假象；一方面暗中贿赂燕军将领，希望他们在齐军投降后不要滥杀无辜。见胜利在望，燕军更加懈怠，斗志无存。

在燕军翘盼入城纳降的同时，齐军正在积极备战。一天夜晚，田单精心设计的火牛阵拉开了帷幕。只见一头头尖角上绑有锋利尖刀、尾巴上扎有燃烧芦苇的千余头公牛突然从即墨城的四周破墙而出，以迅雷不及掩耳之势冲向毫无准备的燕军。顿时，燕军慌乱不已，有被公牛踩死者，有被尖刀刺死者，相互践踏致死者也多不胜数。在燕军溃败之际，齐军精锐出城猛杀。燕军节节败退，齐军乘胜追击，将以前被燕军占领的城池统统收回。

乐毅离开之际，正是齐军极度困顿之时。然而就在敌寡我众、胜利在握的最后时刻，骑劫却得意扬扬、忘乎所以，用可悲而绝对错误的行动印证了已被古人印证过多次的道理：骄兵必败。

历史上多少有才之人原本可以建功立业，但却因胜利而失去理智，从而骄傲自大、麻痹大意，最终抱憾终身。明末的李自成便是其中一例。他犯了骄傲自大、不谨慎行事的大错，结果将到手的江山拱手让于他人。

#### ❀马上试一试❀

性格骄傲的人之所以会失败，不是败在对手手中，而是败在自己手中。任何时候，都不要因一时的胜利而沾沾自喜或洋洋得意，要随时提醒自己危险就在身边。

# 6. 有功勿邀可保身，不贪荣耀能避祸

古往今来，因贪图荣耀、居功自傲而身败名裂的人不在少数。只有看淡功劳和荣耀，才不会招致忌恨。只要做出了成绩，肯定会得到赏识。至于能否得到应得的报酬，只是时间长短的问题。

"狡兔死，走狗烹；飞鸟尽，良弓藏。"古往今来，功高震主、居功自傲者都没有什么好下场。这说明帝王的忌才心理比普通人更甚，所以，越是身居要职、立下汗马功劳的人，就越要做到居功而不自傲，有能力而不炫耀，处世谦虚和逊、不锋芒毕露，只有这样，才能够让成功更为长远，否则下场往往很惨烈。

汉初三杰之一韩信。在楚汉战争时期，他明修栈道、暗度陈仓，出奇制胜

一举攻下关中，为刘邦争天下打下了良好的基础。后来，刘邦与项羽相持于荥阳、成皋间，韩信又被刘邦任命为左丞相，带领兵马攻魏、平赵、破齐，最后韩信带兵在垓下一战将项羽击败，使其在乌江自刎，为汉朝江山的建立扫清了最大的障碍。如果没有韩信，今天的历史究竟会怎么样，谁也说不清楚。

但是谁能想到，这个汉朝的第一大功臣却在未央宫中被吕后所杀。究其原因，刘邦过河拆桥、卸磨杀驴自然是导致他死亡的主要原因，但是韩信的锋芒毕露、居功自傲也为他埋下了祸根。

在韩信平齐之后，刘邦在与项羽的对峙中屡遭险境，处境艰难，派人要求韩信带兵援救，韩信却居功自傲，乘机要刘邦封他为假齐王，刘邦非常恼火，但是经深思熟虑后仍然封韩信为齐王。这件事让刘邦对韩信起了很大的猜忌之心。这也是导致韩信窝窝囊囊地死在吕后手中的重要原因。

韩信的能力是毋庸置疑的。他明修栈道、暗度陈仓的战略，背水一战的胆识，十面埋伏的战术，可谓战无不胜。只可惜他不懂得"树大招风，才高招忌"的道理，所以他将自己的才华和骄傲展现得淋漓尽致，导致下场悲惨，这不但值得人们同情，更值得人们从中吸取教训。

西汉的丙吉的做事方式就和他完全相反，他凡事不好大喜功，不"招摇过市"，深受皇帝宠信，得以善终。

丙吉是西汉时期鲁国人。他从小就学习律令，曾经担任鲁国狱吏，因功被提拔到朝中任廷尉右监，后来调到长安任狱吏。

汉武帝末年，发生宫廷内乱，祸及太子。汉武帝在盛怒之下命令追查太子全家及其党羽，太子被迫自杀，全家被抄斩，当时，后来成了汉宣帝的病已刚生下来几个月，也因此被牵连入狱。丙吉奉诏令检查监狱时，发现了这个小皇曾孙。丙吉知道太子被害实有隐情，因此，对于皇曾孙的遭遇很是同情。于是丙吉就暗中让两个宽厚谨慎，又有奶的女犯人轮流喂养这个婴儿，每天亲自去检查喂养情况，更不准任何人虐待这个孩子。

后元二年，汉武帝生病，有一个会看天象的人说："我们看到长安监狱的上空有天子贵人之气。"汉武帝便派郭穰连夜来到监狱，准备将监狱里的囚犯统统杀掉。丙吉得知后立即关闭监狱大门，不准郭穰进去，还说："监狱里面是有一个无辜而又可怜的皇曾孙，但是无缘无故地杀死普通人都不应该，何况这个孩子是皇帝的亲曾孙啊！"说完，丙吉就坐在监狱门口，不让郭穰进去，双方一直僵持到天明。郭穰进不了监狱，便回去向汉武帝告丙吉的状，汉武帝听后没有责备丙吉。丙吉心想，把皇曾孙长期放在长安监狱中不是办法，他听说有个叫史良娣的人忠厚可靠，就驾车把皇曾孙送到她家抚养。

汉昭帝继位后不久就死了。由于昭帝无子，使得当时的国家没了王位继承人。大将军霍光与车骑将军张安世便商议如何立新帝。丙吉此时任大将军府长史、光禄大夫、给事中等职务。他对霍光说："如今国家百姓的性命就掌握在将军手中了，皇曾孙寄养在民间，现年已十八九岁了，他通晓经学儒术及治国之道，平日行为谨慎，举止谦和，是理想的继承人。希望将军明以大义，先让他入宫侍奉太后，待天下人明白真相后，再辅立即位。"霍光采纳了丙吉的奏义，辅佐皇曾孙登基，这就是汉宣帝。

丙吉为人深沉忠厚，处世低调谨慎，从不炫耀自己的长处和功劳。丙吉对病已在危难之中有养育呵护的大恩大德，绝口不谈，因此，汉宣帝和朝中大臣都没有人知道这件事情。等到霍氏被诛灭，宣帝亲政的时候，一位名叫则的宫婢说她曾经有保护养育皇帝的功劳。汉宣帝诏令官员查问此事，宫婢就说："此事的详情丙吉都知道。"丙吉还认识这个宫婢，但是她根本就不是喂养过皇帝的乳母。丙吉指着宫婢说："是曾经让你照顾过皇曾孙，但是你不尽心喂养，你还有什么功劳好讲的。只有渭城的胡组、淮阳的郭征邮才是对皇帝有恩的人。"这时候汉宣帝才恍然大悟，知道丙吉是自己在大难之际的救命恩人。汉宣帝立即召见丙吉，称赞他有如此大的恩德，平日却只字不提，实在是难得的贤臣。于是下令封丙吉为博阳侯，升任丞相。

受封时，丙吉正好病重，不能起床。皇帝就让人把封印佩戴在丙吉身上，表示封爵。但是，丙吉依然一再辞谢。当他病好后，正式上书辞谢对他的赏赐，谦虚地说："我不能无功受禄，虚名受赏。"汉宣帝感动地说："我对你进行封赏，是因为你对朝廷确实立有大功，而不是虚名。可是你却上书辞谢，我要是同意了你的辞谢，就显得我是一个知恩不报的人了。现在天下太平，没有太多的事情，你尽管安心养病，少操劳，只要你把身体保养好了，其他一切事情你就不用担心了。"就这样丙吉才不得不接受封赏，从此，为朝廷更加尽忠尽职。

俗话说："救人一命，胜造七级浮屠。"在那样危险的情形中，丙吉冒着生命危险，不但救了皇曾孙并将他抚养长大，而且辅佐他登上皇帝的宝座，恩德不可谓不大，但是丙吉却绝口不提。这既说明了他有高尚的品德，也表现出了他深沉的处世智谋。侯门似海，君心难测，皇帝对臣下的要求，历来是只准你出力，不准你邀功，过河拆桥，兔死狗烹的例子还少吗？历史上有多少人因为居功自傲落得不好的下场，丙吉对此是不会不知道的，所以他绝口不提自己的功劳，拒绝皇帝的封赏。

### ❀ 马上试一试 ❀

只要付出了一定的努力，就不怕得不到回报。但是如果像一些性格骄傲的人一样，取得一点成绩便沾沾自喜，骄傲自满，那么最终只能是一无所获。

# 7. 孤高自傲者必被人弃

《老子·八十一章》中说："不自见，故明；不自是，故彰；不自矜，故长。"这句话的意思是说，一个人不自我表现，反而显得与众不同；不自以为是，反而会超出众人；不自夸成功，反而会进步。事实正是如此，一个性格谦逊的人虽然没有标榜自我的行为，但却能够取得辉煌的成就。而一个孤高自傲的人，除了孤芳自赏外，几乎不可能有什么建树。

有才之人往往自视甚高，目无余子，人们需要有意识地去改变这样的性格。不要把自己看得太了不起，不要把自己看得太重要，否则定会吃大亏。

清高傲世的嵇康倒在了礼教之下，这不能不让今天的人引以为戒。

才能是一笔财富，关键在于怎么使用。真正聪明的、有智慧的人会恰到好处地使用自己的聪明才智，他们从来都不会自以为是，也不会恃才傲物，绝不随便炫耀显露自己的才能。这种"乍看貌似平常，实则深藏不露"的做法才符合生存之道，如果像嵇康一样一味地耍小聪明，时时处处显露精明，只能招致灾祸。

嵇康字叔夜，谯郡铚县（今安徽宿州人）人，"竹林七贤"中的第一人。三国时魏末著名的文学家、思想家，是当时玄学的代表人物之一，为人耿直。他幼年丧父，励志勤学，在曹氏当权的时候，做过中散大夫的官职，所以也有人将其称为嵇中散。嵇康后来家道清贫，常与好友向秀在树荫下打铁，以此谋生。贵公子钟会有才善辩，但嵇康瞧不起他的为人。钟会曾经写了文集想请嵇康指教，却不敢登门面谈，塞在嵇康家的窗户里就跑了。有一天，做了大官的钟会领了一群人前来拜访，嵇康没理睬他，只是低头继续干活，钟会在旁边待了好长时间，无人理睬，尴尬之下准备离去。这时嵇康说话了："何所闻而来？何所见而去？"钟会没好气地答道："闻所闻而来，见所见而去。"说完就很生气地走了。自此以后，钟会暗暗记恨嵇康，常在司马昭面前说他的坏话。后来嵇康因为朋友吕安一案被牵连入狱，在钟会的鼓动下，被司马昭以不孝的罪名处死。

嵇康的死，不能说与他清高自傲的性格无关。他恃才傲物，指点江山，又对钟会这类人物不假辞色，因此不仅当权者难以容他，而且被他羞辱过的小人也在寻找置他于死地的机会。

现今很多有才学的人，也是清高傲物者居多。殊不知，碰到一些气量宽宏、有容人之量者自然可相安无事，而碰到一些小肚鸡肠，别有用心的人往往会吃亏，甚至会将大好的前程毁于骄傲的性格之上，所以在日常行为中应该改掉孤高自傲的性格。

<hr>

**马上试一试**

不要孤高自傲，因为遗世孤立的人只会被世人孤立。一个人可以有与众不同的一面，但不可以凭此藐视他人。

<hr>

# 8. 别把自己看得太金贵

在人与人之间的交往中，以自我为中心的人常常会被碰得头破血流。之所以如此，是因为他们希望从别人那里得到的比别人愿意给予的少。人与人之间是平等的，不要把自己看得太金贵。要知道，地球离开了谁都会照常转，一个人离开了另一个人同样能够继续生活。

二战时期英国首相丘吉尔多才多艺，不只是英国政府的领导人，还是个伟大的演说家。一生之中，他为世人留下了很多精彩的演讲。多次演讲中，他都提到这样一个故事：

一天晚上，他要去广播电台发表一个重要的演说。由于自己的车子出了毛病，于是他叫了一部计程车。

他很客气地对司机说："司机先生，可不可以麻烦您载我去BBC广播电台。"

计程车司机摇下车窗，伸出头来说："先生，很不好意思，我不能载您去。请您再招一部计程车吧。"

他疑惑地问："为什么呢？现在不是还早吗？"

计程车司机尴尬地回答："不是这个原因！因为BBC广播电台太远了，如果我载您去了那里，那么我就来不及回家在收音机里收听丘吉尔的演讲了。"

他听了之后心里感到很得意，感动地从口袋里掏出5英镑给司机。司机接过钱后，立即兴奋地叫着，"先生，上来吧！我现在就载您去BBC广播电台吧。"

他诧异地问："那么您将无法收听到丘吉尔的演讲了！没有关系吗？"计程车司机一边利索地打开后车门，一边不以为然地说道："去他的丘吉尔，现在您比他的演讲可重要多了。"

从这段经历中，丘吉尔明白了一个道理：即使自己的演讲多么富有感染力和鼓动性，也不如5英镑对这位计程车司机的吸引力大。此后，丘吉尔告诉自己：永远不要把自己看得太金贵。

李明在大学学的专业是投资管理，毕业后很顺利地进了一家投资咨询公司。在应聘这份工作时，公司老板对他说，虽然公司目前不大，但可以给他充分的施展才华的空间和机会。

进入公司后，老板果然没有食言，没多久就任命李明为市场部副经理，主要负责拓展客户。这一职务相当具有挑战性，但李明没有胆怯。凭着年轻人的闯劲和丰富的专业知识，李明逐渐为公司打开了局面。在一段时间里，李明拓展的客户竟占了公司新增客户总量的一半。老板非常高兴，过来过去总要拍拍李明的肩膀，有事没事地还拉上李明去喝喝酒，有什么活动时也会把李明带上。在别人的眼里，老板和李明的关系超过了老板和员工的关系，似乎是一对好哥儿们。因此，公司的人私下里说，只要公司里有人事变动，李明肯定会升为市场部经理。甚至还有人说，市场部经理算不了什么，对李明来说，公司副总经理的位子也是有可能的。

李明自己也志得意满，准备大干一番。由于受到老板的器重，李明感到除老板之外，公司再也无人能与他相比。

没过多久，公司果然出现了人事变动。市场部经理离开了公司，人人都以为李明必定会接任该职。然而结果出人意料，老板并没有擢升李明为市场部经理，而是用高薪从其他公司市场部挖来一个人担任市场部经理。李明很失望，也非常不满，由于不好意思直接表露自己的想法，于是提出要休假，说以前太累了，想放松一下。这明摆着是在提醒老板，自己对公司来说是很重要的。老板考虑了一会儿，很爽快地同意了。

李明想：自己这一休假，要不了两天公司就得乱套。到那时，老板一定会主动请他回来。

一个月后，李明回到公司，发现公司一切正常，并没有像他想象的那样。当他去老板办公室销假时，老板仍像以往一样，热情地拍拍他的肩膀笑道："假期过得怎么样？"李明终于明白了，老板的热情不过是一种用人的技巧而已，自己并没有想象中的那么重要。

如果把自己看得太高，不妨像丘吉尔和李明这样采取一定的方式去试探自己的重要性，看一下得到的结果是否会和他们一样。另外，如果养成了把自己看得太高的习惯，后果将更为严重。因为有了这种习惯，就会在不知不觉中流露出看轻他人的表情或说出蔑视他人的话，而这样做的结果常常是自取其辱。

丹麦著名童话家作安徒生生活俭朴，经常戴着破旧的帽子。一次，他在街上行走，一位富人嘲笑他："你脑袋上的那个玩意儿是什么？能算是帽子吗？"

安徒生回敬道："你帽子下边的那个玩意儿是什么？能算是脑袋吗？"

犹太人海涅经常遭到一些"大日耳曼主义者"的攻击。一个晚会上，一个自称是"素有教养"的旅行家给海涅讲述了他在环球旅行中发现的一个小岛。"你猜猜看,在这个小岛上,有什么现象最使我感到惊奇?"他带着冷笑的表情问海涅,"在这个小岛上,竟没有犹太人和驴子!"

海涅听完后,不动声色地反击道:"如果真是这样的话,那么只要我和你一块去一趟小岛,就可以弥补这个缺憾了!"

# 9. 可以得意,不可忘形

人生在世,每个人都有得意的时候。不过,得意也得注意方式。如果在得意的时候无心顾及周围人的感受,一遍遍吹嘘,无疑会让身边的人产生相形见绌的感觉,从而下意识地走开。性格谦虚的人是不会这样做的,因为他在顺境的时候能够做到得意不忘形,不仅不会伤害周围的人,甚至会让周围的人与他一起分享荣耀和愉快。

一位女士的宝贝女儿从剑桥毕业回国之后,在特区一家金融机构任职,每月薪水数万港币。这位女士为女儿的出色表现非常自豪。她面对亲朋好友时,言必称女儿的风光,语必道女儿的薪水。女儿偶然发觉,便极力制止母亲,劝说母亲不要总夸耀自家好,而忽略了其他人的感受,伤害了他人。

在叙述自我时,要防止过分突出自己,切勿使别人心理失衡,产生不快,以致影响了相互之间的关系。有这样的一个故事:

有两位要好的女友,甲靓,乙平平。她们一起去参加舞会,舞场上的许多男士频频与甲共舞,却在不知不觉中冷落了乙。甲下意识地感觉不妥,于是以身体不适为由拒绝了他人邀请，奉劝朋友们邀请乙，男士们听取了建议，便都去邀请乙，乙被男士们拥入了舞池，感到很开心。甲以友情为重，不想让女友被忽视受冷落，于是机智地采取一种平衡手段，使乙的心灵得到抚慰，这更加深了她们之间的友谊。

英格丽·褒曼在获得两届奥斯卡最佳女主角奖后，又因在《东方快车谋杀案》中以精湛演技获得最佳女配角奖。然而，在她领奖时，一再称赞与她角逐最佳女配角奖的弗伦汀娜·克蒂斯，认为真正获奖的应该是这位落选者，并由衷地说："原谅我，弗伦汀娜，我事先并没有打算获奖。"褒曼作为获奖者，没有喋喋不休地叙述自己的拼搏与奋斗，而是对自己的对手推崇备至，极力维护了对手的面子。无论是谁，都会十分感激褒曼，会认定她是倾心的朋友。一个人能在获得荣誉的时刻，如此善待竞争对手，与伙伴如此贴心，体现出了她宽广的胸怀。

以上故事告诉人们，当你得意时，不要忘形，要顾及他人的感受，注意自己的一言一行。学会抚慰竞争对手的心灵，不要使对方产生相形见绌的感觉。与此同时，自己的心灵也会因此而安然宽慰，心情也会愉快舒适。

经常可以看见一些人大谈自己的得意之事，这样，对方不仅不会认为你是"了不起"的人，甚至会认为你爱沾沾自喜，是不成熟的、卖弄过去好时光的人，所以，不要时时处处提自己的得意之事。

※ 马上试一试 ※

不要因得意而忘乎所以，否则没有人愿意与你分享你的得意。即使有人愿意听你夸夸其谈，也只是配合一下你而已，不想让你陷入尴尬之中。

# 10. 勿急炫耀，是金子总会发光

大千世界，芸芸众生，方方面面的人才都有很多。所以，不要以为自己是某方面的天才、专家，更不必急于炫耀自己的才智，否则只会招致别人的轻视和排斥。如果真的有非凡才华，那么迟早都会得到展示的机会。

三国时期，庞统是与诸葛亮齐名的能人。但庞统天生怪异，相貌丑陋，因此不太招人喜欢。他先投奔吴国，孙权嫌他相貌丑陋没有留用他。后来，庞统又打算投奔刘备。临行前，孔明交给庞统一封推荐信，告诉他说刘备见此推荐信后一定会重用他。

可是庞统见到刘备时并没有将推荐信呈上，而是以一个平常谋职者的身份求见，因此，刘备派他去治理一个不起眼的小县。庞统虽身怀治国安邦之才，但面对这样的待遇，他并没有耿耿于怀，他深知靠人推荐难掩悠悠众口，具有沉稳性格的他知道自己的本领还是要在关键时刻显示给众人看，必须等待机会，不能急于求成。

机会很快来了，一次，在张飞造访庞统为官的衙门时，他当着刘备的心腹、爱弟张飞的面，将一百多天积累的公案，用不到半日就处理得干净利索，曲直分明，令众人心服口服。庞统从此步步高升，不久后便被刘备提升为副军师中郎将。

如果庞统是骄傲、喜欢炫耀的人，那么初见刘备之时，他便会拿出诸葛亮的推荐信，显示自己和丞相的关系是多么地"铁"，随即献上定国安邦之计，刘备及其左右臣子却可能对其产生排斥之心，把他当成一个喜欢卖弄、会耍小把戏的市井之人，庞统就可能得不到重用。

春秋战国时期，有一位富家公子，喜好琴艺，自觉琴艺了得，因此总是喜欢在人前炫耀。一次，他外出旅游，在一座寺庙前，他看到一个道人在闭目打坐，身旁的布袋口露出古琴一角。他有些好奇，于是走过去问道："请问道长也会弹琴？"道人微睁双目，语气十分谦恭地回答说："略知一二，正想拜师。"这位公子一听要拜师，就毫不客气地说："那就让我来试一试吧。"道人拿出琴递给这位公子，他接过琴，随便地拨弄了一首。道人微微一笑，没有说话。这位公子见道人没有表态，便使出生平所学，又弹了一首，道人仍默然。

公子生气地说："你为何不说话，难道是我弹得不好吗？"道人依然语气谦和地说："你弹得还可以，但你不是我想拜的师傅。"富家公子终于沉不住气了，他对道人说："既然这样，不妨让我见识一下你的琴艺。"道人没有答腔，拿过琴便开始弹奏，他的手指娴熟而轻巧，琴声如流水淙淙，又如晚风轻拂，公子听得如痴如醉，一曲终了许久，他才如梦初醒，道人琴艺极高，却真人不露相，感慨万千之后，立即向道人行起了大礼，拜请为师。

现实生活中，才智越高、学习越刻苦、见闻越广博的人，越需要完善谦虚好学的性格。所谓"骄兵必败"，越是骄傲自满、目中无人，那么在失败时也会败得越彻底。

## 马上试一试

越谦虚越稳重的人，越能够把握住学习和发展的机会。所以人们一定要克服骄傲性格，完善谦虚性格。

# 第三章 头脑要灵活，打开思路找门路

## ——改变木讷呆板的性格

当同一件事情摆在眼前时，性格木讷的人常常显得不知所措，因为他们思维迟钝，不懂变通；而性格机敏的人却能够找出事情的结点，轻松把问题解决，因为他们能够通过察言观色而见微知著，从而见机行事、看人说话，进而打破僵局，反客为主。

# 1. 做事之前先摸底，找到症结再下药

在说话办事的时候，性格机敏者不会在没有调查的情况下表达自己的想法。因为他们知道，人与人有不同之处，只有通过调查把握住了对方的关键点，然后对症下药，才能够用言语打动对方，达到自己的目的。

"对症下药"，就是先对对方有一个客观了解，把握对方的个性特征和行为表现，然后再拟定对策。倘若不了解对手便仓促上阵，犹如"盲人骑瞎马，夜半临深池"。虽有祈求之心，却事与愿违。倘若能知人知己，因人施言，必定会收到很好的效果。

某公司老板陈先生的资金周转不灵，如不及早筹措到位，会直接影响公司的生意和声誉。他本想再向银行贷一笔款，但是，银行却不愿意多借给他一分钱。这时，陈老板忽然想到找朱先生帮忙。但是，朱先生虽然身为某大型纺织公司的董事长，却是一个非常吝啬的人。迫不得已，陈老板经过一番思想斗争，最终决定去试一试。

陈老板知道如果贸然开口借钱，绝无成功的可能。于是他先打电话给朱先生，约好见面的时间和地点。到了约定的那一天，陈老板很早就搭车前往，然而在离朱先生家还有150米时，他就下车开始全速跑向朱先生家。那个时候正好是夏天，陈老板当然是满身大汗。朱先生见了他非常诧异地问："咦！你怎么搞的？"

"我怕赶不上约定的时间，只好跑步赶路！"

"那你怎么不坐计程车呢？"

"我很早就出门了，坐公共汽车来的，因为路上发生了车祸，所以耽误了一些时间。但是，我怕时间来不及，只好下车跑步来了！"

"像你这种人也会坐公共汽车吗？"

"怎么？您不知道我是个吝啬之人吗？我怎么会坐计程车呢？坐公共汽车既便宜又方便，自己没有私车还省了请司机的开销。"陈老板已经事先调查过

朱先生并没有私家轿车。

"父母赐给我的这双脚最好了，碰到赶时间的时候，只要用它跑就可以，既不花钱，又可强身，多好呀！我这种吝啬的人哪会像你们大老板一样坐计程车呢？"

"我也很小气啊！所以，我也没有自家的车子。"朱先生谦逊地说。

"您那叫节俭，我这叫小气，所以才有'小气鬼'的绰号。"

"但是我从来没听说过你是这种人。其实，我才真的被人认为是吝啬鬼！"

"朱先生，人不吝啬的话，是无法创业的，所以，人不能太慷慨。我们做事业的人都是向银行或他人贷款来创业的，当然是应该节俭，千万不能随便地浪费钱啊！"

"钱财只会聚集在喜欢它、节俭它的人身上……我经常对属下这么说。"

陈老板的这些话使朱老板产生了共鸣，于是很反常地借钱给这个相见恨晚的"知己"。

陈老板面对一个吝啬的人，他没有像常人一样避开"吝啬"二字，而是对症下药，说出吝啬的好处，并将自己也归为同朱先生一类的人，这样便让他产生惺惺相惜的感觉，最终爽快地答应了陈老板的请求。

春秋时的孟子，在游说齐宣王时，也曾成功地运用了此法。闻名遐迩的齐宣王好大喜功，爱讲排场，他不但喜欢听人吹竽，而且喜欢欣赏300多人一起吹竽的热闹场面。于是这支乐队里就混进了一个根本不会吹竽的南郭先生，还一直混到齐宣王驾崩之后，才被爱听独奏的新齐王吓得逃之夭夭。

据《孟子》记载，齐宣王爱好狩猎，为了寻欢作乐，曾在临淄城郊建了一个方圆40里的猎场，专门蓄养麋鹿等珍禽异兽供他狩猎之用。这么大的猎场，在当时的诸侯国中，已算是破格了。但是齐宣王仍然嫌小，他深恨百姓反对他建猎场的抱怨之声。

齐宣王的满腹牢骚无处可发，于是他问孟子道："当年周文王的猎场方圆70里阔，有这事吗？"孟子一到齐国，就知道宣王建猎场的事，而且了解到齐宣王滥杀进场百姓的残酷行为。当宣王询问他关于文王的猎场时，他立即答道："听说有的。"齐王一听，果有此事，便进一步问道："果真如此，那他的猎场算不算大？""很大，但老百姓还认为它太小！"齐宣王一听，马上说："可是我的猎场才40里，老百姓却嫌它太大，这是什么道理？"

孟子一见齐宣王满腹牢骚的样子，便乘机进言道："文王的猎场虽有70里，但他多放养幼小的动物，而且与民同游同猎，老百姓嫌它太小，实属正常。而我来到齐国，一进国门先要问有什么禁忌然后才敢入内。又听说您建有40里的猎场，倘若有人捕杀其中的猎物，罪同杀人，处以重罚。所以虽说只有40里，却像一口深深的陷阱立于国中，老百姓认为它大，不也是很正常的吗？"

齐宣王听后，低头想了好一会儿觉得孟子的话很正确。于是，从那以后他再也不抱怨猎场小，而且还开放让百姓入场捕猎。

孟子的机敏之处就在于：他一方面顺着宣王的性子，展开问题的讨论；另一方面再逐步顺着话题引出齐宣王的不满情绪。这样，他的第一步游说目的达到。接下来他有条不紊地展开说辞：您不是喜欢效仿古代圣王之事吗？文王的70里猎场是与民同乐的场所，所以老百姓嫌它小，而您的猎场虽只有40里，但是却订下了"杀其麋鹿者如杀人之罪"的虐民律令，这样一口深深的陷阱立于国中，百姓怎能不怨其大？齐宣王经过一番深思，明白了猎场面积不在大小而在于是为己还是为民的道理，最终，接受了孟子的劝说。

🌸**马上试一试**🌸

说话办事前先做调查并不需要花费多少时间，关键在于能否想到这一点。如果性格机敏，自然能够想到这点，然后针对具体情况说出恰如其分的话，定会事半功倍。

# 2. 抓住个人喜好，看透对方心思

任何人都有自己的喜好，因此，根据他人的兴趣采取投其所好的方式常常能够轻松把事情办好。在生意场上，如果愿意迎合他人的兴趣，就能够得到他人的好感，从而为生意的顺利进行打下良好基础。当然，投其所好的作用远不止于此。只要能够好好利用，就能够起到事半功倍的效果。

每个人都有自己感兴趣的话题和感兴趣的事情，如果我们在谈论时，只顾滔滔不绝地谈自己感兴趣的话题，沉醉在自己的话语当中，那么对方会极不舒服。一个性格机敏的人不会制造这样尴尬的场景。他会去迎合对方的兴趣，积极主动地为他人送上"一顿美味大餐"，投其所好，激发其兴趣，这样就会使双方的谈话非常愉快，而且还会使自己受到欢迎。

杜佛诺公司是纽约一家面包公司，杜佛诺先生想方设法将公司的面包卖给纽约一家旅馆。4年以来，他每星期去拜访一次这家旅馆的经理，参加这位经理所举行的交际活动，甚至在这家旅馆中开了房间住在那里，以期得到自己的买卖，但他还是失败了。

杜佛诺先生说："后来，在研究人际关系之后，我决定改变自己的做法。我先要找出这个人最感兴趣的是什么——什么事情能引起他的热心。

"我后来知道，他是美国旅馆招待员协会的会员，而且他热心于成为该会的会长，甚至还想成为国际招待员协会的会长。不论在什么地方举行大会，他飞过山岭，越过沙漠、大海也要到。

"所以在第二天我见他的时候，我就开始谈论关于招待员协会的事。结果得到了很好的反应！他对我讲了半小时关于招待员协会的事，他的声调充满热情地震动着。我可以清楚地看出，这确实是他很感兴趣的业余爱好。在我离开他的办公室以前，他劝我也加入该会。

"这次谈话，我根本没有提到任何有关面包的事情。但几天以后，他旅馆中的一位负责人给我打来电话，要我带着货样及价目单去。'我不知道你对那位老先生做了些什么事'，这位负责人招呼我说，'但他真的被你搔着痒处了！'"

试想一下，杜佛诺对这人紧追了4年——尽力想得到他的买卖——如果不去找他所感兴趣的东西，恐怕杜佛诺永远也不会得到他的认可。

一个人要使他人喜欢，如果想让他人对你产生兴趣，可以尝试谈论对方感兴趣的话题，即使自己对此毫无兴趣也要迎合，这样可以使自己成为一个受欢迎的人。

凡到过牡蛎湾拜访过美国总统罗斯福的人，对他的博学无不感到惊奇。"无论是一个牧童、猎骑者，还是一位外交家，罗斯福都知道同他谈些什么。"勃莱特福写道。罗斯福是如何做到这一点的呢？其实答案很简单。罗斯福每接见一位来访者，他都会在这之前的一个晚上阅读有关这个客人所特别感兴趣的东西，以便找到令人感兴趣的话题。

罗斯福同所有的领袖一样，懂得与人沟通的诀窍，这就是：谈论他人最感兴趣的事。前耶鲁大学教授、和蔼的费尔普早年就有过这种教训。

他回忆起童年："在我8岁时的一天晚上，一个中年人来访，他与姑母寒暄之后，便将注意力集中于我。当时，我正巧对船很感兴趣，而这位客人谈论的话题似乎特别有趣。他走后，我对姑母说，他是一个多么好的人!对船是多么感兴趣！而我的姑母告诉我说，他是一位纽约的律师，其实他对有关船的知识毫无兴趣。但他为什么始终与我谈论船的事情呢？姑母告诉我：因为他是一位高尚的人。他见你对船感兴趣，所以就谈论能让你喜欢并感到愉悦的事情，同时也使他自己受人欢迎。"费尔普说："我永远记住了我姑母的话。"

只要是有心人都不难发现，时下的广告语就有点这样的味道："聪明的人都会使用……审美观念强的人都会使用的……想成为人人羡慕的对象就要使用……"。商家早已摸透了人们的心理，那就是人人都希望听见称赞的话。于是，商人把抓住顾客的心理作为自己的经营方法，运用到竞争激烈的商战中。

其实，现实生活中的绝大多数人，都属于平凡者，不可能一下子由平庸变成世人瞩目的传奇人物，就好像一个村妇不可能因为使用了某个广告上宣传的产品，而一下子变成为贵妇，但可能的是，虽然她明知道自己不会变成贵妇，她也舍得花大价钱购买那些名贵的产品。原因很简单，因为销售人员对她们的赞美，使她们的虚荣心得到了满足，正因为如此，聪明的商家才能财源滚滚。

由此可见，只要你聪明地抓住他人的心理，让他人的愿望得到满足，让他们看到自己的重要，你求他办事时他会义无反顾，这样你的受欢迎程度也会逐渐升高，办起事来自然顺畅得多。

### 马上试一试

发现他人的兴趣后，一定不要放过。即使自己对此毫无兴趣，也要表现出很关注的样子。这种做法并不是曲意逢迎，而是在平等交流的前提下创造出一个和谐的交流氛围，为后面的进一步沟通做好准备。

# 3. 说话灵活把握，可达人而利己

在某些社交场合，一个会说圆场话的人常常能够引起他人的关注，因为圆场话并不是谁都会说的，只有性格机敏的人才能果断地从别人的话语中准确判断出他人的意图。

世故之人大都擅长一语双关，精明之人无须多言直语，就会让你心里明明白白。"高明"的小人惯会含沙射影，指桑骂槐。所以说，人们在工作和生活中，一定要注意完善机敏的性格，在别人故意暗藏玄机的话中听出他的真实意图，这样才能恰当应对，不至于错失机会或者陷于尴尬之中。

头脑不清，耳朵不灵，一定会多遇难堪。话里藏话、旁敲侧击是机智的人玩的"游戏"，木讷的人玩不了。脑子不灵活，煞风景自不必说，落笑柄更是常有的事。话里藏话、旁敲侧击其实是一种迂回，它既重视策略，更重视隐含之术，较之迂回更为主动，更为巧妙；它又是"妙接飞镖又暗中回掷"的高超社交手段，是机智聪明者所驾驭的玄妙功夫。

在人类社会交流中，圆场话是待人处事中不可缺少的，在一些重要场合中，你所说的每一字每一句，都可能影响你的成功。能够说圆场话，小则可以使人欢乐，大则可以扭转局面。说圆场话在社交活动中可分为两种：

（1）场面话

现实生活中，你肯定接受过他人的赞赏，如果你是女性，对才会夸赞你长得多么漂亮、可爱，赞扬你如何会打扮，穿着有多么的时尚合体等等，这些都可以说成是场面话，当然也可能是实情。

有些场面话属于那种为了赢得别人的开心而说的，不可轻易全信，因为它与实际情况有着相当大的差距。虽然有时说得不太切合实际，但只要差得不太远，听的人还是会感到高兴，尤其是在人多的地方说场面话，更能取悦人心，烘托气氛。

（2）承诺别人的话

与人交往中，我们经常会听到这样承诺别人的话，例如："你的事情包在

我身上"、"我全力帮忙"、"有什么问题尽管来找我。"像这一类型的话，有时不说真的行不通，因为对方运用压力求你，如果你当面回绝了对方，势必会将场面弄得很尴尬，难免会得罪人，不得已为了回旋而说出承诺的话。另外，如果你碰上的是那种难缠的人，为了让你帮忙，他死缠着你不肯离开，那将是一件令人头疼的事，这时，只能用搪塞的话先将其打发掉，他所托你办的事情，能办到的尽力办，不能办到的日后再说。

在待人处世中，圆场话是必须要说的。不但要说场面话而且还要会听别人的话外音，如果不具备这样的性格特点，在一些场合下会非常尴尬甚至难以脱身，这样还会影响你的人际关系。那么怎样才能说好圆场话呢？要注意以下内容：

与智慧型的人说话，需要有广博的知识；与学识渊博的人说话，辨析能力一定要强；与善辩的人说话，就没有必要啰唆；与上司说话，就要把话说到他心坎里去；与下属说话，必须让他们感觉到你的慷慨，从你这里他们能得到好处；别人不愿意做的事情，不要勉强；而别人喜欢做的，应给予大力的支持；别人不喜欢的，要少说，甚至不说。

汉高祖刘邦平定天下之后，开始对他的臣子论功行赏，这时就出现了彼此争功的现象。刘邦认为论功劳萧何最大，封他为侯最合适不过，给他大量的土地也实属应该，可是其他人却不服，私下里议论纷纷。大家都说："平阳侯曹参身受12次伤，而且攻城略地最多，论功劳他应该最大，应当排第一，要封地他应该占最多。"

刘邦心里知道，因为封赏问题，委屈了一些功臣，对萧何是偏爱了一点，可是，在他心目中，萧何确实应该排在首位，可身为皇帝又无法对这一想法明言，正当为难之际，关内侯鄂君似乎揣摩出了刘邦的心思，不顾众大臣反对，上前圆场说："群臣的意见都不正确，曹参虽功劳很大，攻城略地很多，但那只不过是一时的功劳。皇上与楚霸王对抗五年，丢掉部队、四处逃避的事情时有发生，是萧何常常从关中调派兵员及时填补战线上的漏洞，才保汉王不受太大的损失。

"楚、汉在荥阳僵持了好多年，粮草缺乏时，是萧何转运粮食补充关中所需，才不至于断了粮饷！再说皇上曾经多次逃奔山东，每次都是萧何，才使皇上转危为安，如果论功劳，萧何的功劳才称得上是万世之功。现如今，汉王即使少一百个曹参，对大汉王朝又有什么影响呢？难道我们汉朝会因此而灭亡吗？为什么你们认为一时之功高过万世之功呢？所以，我主张萧何排在第一位，而曹参其次。"此话一出，群臣无言以对。

刘邦听了关内侯鄂君的话，自然是非常高兴，因为关内侯鄂君的圆场话，让他可以顺应自己的心意，而且又不致被群臣说成是一意孤行。

关内侯鄂君因揣摩出刘邦一直想封萧何为侯的心思，然后顺水推舟、投其所好，说出一番理由替刘邦圆场，刘邦自然非常高兴，因此封鄂君为"安平侯"，封地超出原来的一倍。

由此可见圆场话的重要作用。它不但可以帮助别人解围，而且还能够无形中自己抬高。

### 马上试一试

会说场面话并不是狡诈，而是疏通人际关系的一种手段。场面话说得好，对你的人际交往会产生良好的影响。

# 4. 机智者会找"借口"，木讷者麻烦上身

说谎并不全是人品差，如果谎言中充满善意，是在为对方着想，说出这种可以被称为"借口"的谎言是一个人机敏的表现。如果找对了"借口"，不仅能够使自己减少麻烦，而且不会让对方因你的失误感到不满。性格木讷的人只会实话实说，有时弄得双方不欢而散。

有些事情和有些人，需要你为自己辩解，为彼此找个台阶下，如果你性格机智可以领悟到这层意思，那么就会轻松地用一个小小的借口而躲掉了麻烦，但是如果你性格木讷无法领悟，那么就只能面临一场唇枪舌剑的争吵。

一对情侣约好了七点钟在某大厦门口见面。可是，男孩却把时间搞错了，以为是八点钟见面，结果让女孩多等了一个小时。女孩对此非常生气，二人见面后，女孩毫不客气地对男孩说："每次约会都迟到，如果不愿意和我一起出

来就直说嘛。"男孩急忙解释说："别生气，都是我不好，我也不愿意迟到啊，我刚要出门就被主任逮个正着，没办法，只能晚点出来。"

此时，女孩的怒气已经降低了不少，男孩趁机说："不过没关系，下次我一定提前到。"就这样，两个人开开心心地看电影去了。倘若男孩不找些借口的话，这场浪漫的约会很可能被破坏，可见，寻找恰当的借口，的确可以帮助人们摆脱麻烦的纠缠。

不仅仅情侣间会出现麻烦，同事交往过程中，遇上各种各样的麻烦也是很正常的事。如果不小心使自己陷到里面去，往往会进退两难，非常令人头痛。这时如果机灵地找个借口搪塞一下，便可以帮助自己摆脱无谓的纠缠。

其实，任何事情，除了它的真实原因之外，都可能存在某些意外因素，通过某种逻辑推理依然能成立，这就是所谓的借口。有时候，一个"名正言顺"的借口，胜过一场唇枪舌剑，所以在遇到某些说不清讲不明的事情时，用借口作为润滑剂就可以摆脱麻烦。

#### ❀ 马上试一试 ❀

有人认为寻找借口是一种欺骗性行为，这种说法未免有些偏激，借口与欺骗的最大区别是，前者是善意的，而后者则具有一定的伤害性，是恶意的。与人交往过程中，有些事情根本说不清道不明，与其在问题中争论不休，还不如寻找一些借口，使自己从无聊的辩解中摆脱出来，这才是最明智的选择。

# 5. 言语占据主动，难题轻易化解

语言是一门艺术，如果用得巧妙，就能做好很多难事。尤其是在商务谈判中，巧妙地运用语言，可以把对方的思路纳入自己预先设计好的轨道上来，使自己在谈判中处于有利地位。

在谈判中，许多犹太人喜欢站在共同利益的基础上，提出多种方案，因此，谈判结果往往是双方获利、皆大欢喜。他们善用温和的谈判方式，以精心设计的语言和彬彬有礼的态度，用人们易于认可的方式进行谈判，这种方式有助于获得成功。

每一次商业交易都可以看作是一次谈判。在许多犹太商人看来，为了在和对方讨价还价上占据优势，应当先了解对方的想法和所需所求，然后运用适当的语言使对方接受自己的观点。这就牵涉到如何取得对方的信任，不断影响、改变对方的想法。要达到上述目的，巧妙的语言是最有效的工具。

乔治先生的妻子视力较差，她使用的手表必须长短指针分得非常清楚才行。但这种手表很难买到，后来乔治夫妇花费了很多时间和精力，总算在一家小商店里，找到了一只符合要求的手表，但那只手表外观丑陋，也许正因为这样，这只手表才一直没有卖出去，而且它的标价较高，整整200元。

乔治先生直接告诉卖表的商人说，200元一只的手表，太贵了。商人却认为这个价格非常合理，并且告诉乔治先生，这只手表精确到一个月只差几秒。乔治先生告诉商人，关键是让妻子能够看得清楚长短指针，乔治先生还向卖表的商人展示了他妻子的旧表，并强调说："这只表已经7年了，而且走得非常准确，但其价格仅仅50元。"

精明的商人考虑了一下说："噢，7年了，一只手表的寿命够长了，乔治夫人也应该换只手表戴了。"商人的话听起来虽然平常，但是却巧妙地、入情入理地调动了乔治先生的购买欲。乔治先生最不满意的是手表的外观，当乔治先生指出这只手表式样不好看时，商人"反驳"说："在专门为视力不好的人设计的手表中，这只手表的外观是最美的。"乔治先生顿时哑口无言。最后，乔治先生心悦诚服地以200元的价格买下了手表。

商人运用巧妙的语言，将乔治先生的顾虑完全消除，从而化被动为主动，做成了这笔"小生意"。在商业谈判中，语言的作用就是这样巨大。

其实在商业谈判中，高明的推销员会采用以下四个步骤。

第一，在与客户谈判之前，会考虑到将要遇到的问题，然后一个个地写出来，同时将谈判的步骤、要谈及的问题全部罗列出来，并安排好先后顺序，对客户将提出的一些问题，进行初步的判断并做好回答。

第二，在实际的谈判当中，不急于收尾。一些推销员到客户那里一下将所有的事项讲完，就认为自己的谈判完成了。这时，客户提出一大箩筐的问题，结果自己一个也解决不了，最终往往失败。

第三，谈判的过程，是一个讲条件的过程，谈判时，不要将自己的问题全部说出，要一个个商讨解决方案。不能在第一个问题没有解决之前，抛出第二个问题。如果这样的话，先把第二个问题说出来，你马上会陷入被动的、没有结果的新的谈判之中，而这样的谈判也不会成功。

第四，也可以把谈判当作是一场陷阱游戏，故意设一些善意的"陷阱"，引诱客户"就范"。

### 马上试一试

性格可以改变一个人的命运，同样可以成就伟大的谈判家或推销员。在与人谈判的过程中，如果能够完善机敏能言的性格，用活语言艺术，就能够占据主动，最终事情的发展会朝着自己预计的方向进行。

# 6. 迅速把握关键，切中利害陈述

要想顺利地说服对方，一定要让对方看到事情中的利弊。只要让对方明白了如何做对自己有利，对方就会按照你所陈述的有利方向采取行动。此时，你的目的也将随着对方的行动而得到实现。

性格机敏者，多能言善辩。有时能够巧妙地运用"三寸不烂之舌"，将难事变易，甚至将家国大事"摆平"；而木讷寡言的人，就难以做到。有时明明出于好意向别人献上忠言，而别人不但不领情，反而弄得"猪八戒照镜子"，里外不是人。

西楚霸王项羽素以"杀星"闻名，他所攻占的每一个城市，百姓总被屠杀驱逐。

魏相彭越联汉抗楚，夺楚国十七城，恼得项羽眼冒金星，亲率大军围攻彭越占据的外黄城。彭越难支，半夜逃走，外黄城开门投降。项羽入城后，首先下了一道命令，城里凡15岁以上的男子都集结于城东，准备全部活埋。此令一出，全城呼天号地，人人悲痛欲绝。

这时，一个年仅13岁，长得面白唇红、眉清目秀的小孩，竟去楚营求见项羽。项羽听说小儿求见！倒也惊异，问他："看你小小年纪，也敢来见我吗？"小孩说："大王是人民的父母，我就是大王的儿子，儿子见父母，有什么不敢呢。"耳根软的项羽听了这小孩的一番夸奖，欣喜得不得了，问他还有什么事情？小孩不慌不忙地说："外黄百姓，久仰大王恩德，只因彭越突然攻来，无奈暂时投降，但仍然整天盼望大王来救。今天大王驾临，赶走了彭越，百姓非常感激。但大王军中有一种谣言，说要把15岁以上男子都活埋了，我认为大王德同尧舜，威过汤武，不会这样做的。况且屠杀后，对大王有害无益。所以请大王颁布明令，稳定人心。"

听了此话，项羽虽觉入情入理，却又碍于面子，于是威胁小孩说："如今我杀死这些人，即使无益，也不见得有害。你要能说出有害的理由，我就下令安民；要说不出，连你一块活埋。"小孩听到威吓，并不慌张，反而严肃地说："彭越守城，步兵特多，听说大王来攻，怕百姓做内应才紧闭城门，他见人心不向他，才夜里逃走。假如百姓们甘心助逆，同心坚守的话，大王入城恐怕最少也得十天！今天彭越一走，百姓立即开城迎驾，可见人民拥戴大王。如果大王不能体察民情，反要坑死壮丁，外黄以东还有十几城，谁还敢迎降，降也死，不降也死，抗拒倒还有一线希望，试想，彭越必然向汉求援兵来攻，大王处处受敌，就算是处处打胜，也得把心力费尽，由此还不能说明有害无益吗？"

当时的项羽本来就和大司马曹无伤约定好了半月回去，现在已过了几天，如果后面十几城遇阻，就会耽误时间坏了大事。他反复考虑利弊后，终于答应了小孩的要求，还取了几两银子送给小孩。这样，外黄城众人的性命由一个小孩曲折委婉的言辞而获得了重生。人们不得不佩服这个小孩的胆量，但我们更佩服的是他入情入理的分析，从这里可以证明"三寸之舌，强于百万之兵"的论断。其实，在古代这样的例子并不少见。

比如：战国时，赵国自恃兵力强于燕国，遂起伐燕之念。苏秦当时在燕辅佐昭王，为减少合纵内部的摩擦和实力消耗，共同抵御强秦的武力威胁，前去游说赵惠王，希望通过和平外交途径解决两国争端问题。

然而当苏秦到达赵国时，赵惠王并不想谈赵燕争端问题，于是故意避开这一话题，只是礼节性地说："苏卿远道而来，寡人有失远迎，失礼！失礼！"苏秦也知道惠王的用意，便只字不提两国争端之事，更不说自己的来意，而是十分客气地同赵惠王寒暄了一番，然后又漫不经心似的与赵惠王聊起天来："臣今天来的时候，途经易水河，见蚌打开盖正在晒太阳，此时一只鹬上前直啄其肉。蚌急忙合壳而紧紧钳住鹬的嘴。鹬说：'今天不下雨，明日不下雨，你即死矣！'蚌也对鹬说：'你的嘴今天抽不出来，明天抽不出，你要变成死鹬了！'两者互不相舍，最后一渔翁连鹬带蚌，一同得之。"

赵惠王听了这个故事，觉得挺有趣，便随口说道："从没听说苏秦你还懂禽兽的语言呀！"

苏秦笑了笑，沉吟一会儿后，又说道："现在赵国想讨伐燕国，赵、燕两国倘若久以刀枪相见，血流飘杵，恐怕秦国会收渔翁之利啊，大王何不再好好考虑考虑呢？"赵惠王听到这里，方知苏秦聊天的用意。沉吟片刻后，惠王脱口而出道："好！从今以后，赵、燕就没有刀枪相见的时候了。而要坐到一起，友好地进行外交谈判。"

两国相争，气氛中自然充满了火药味。因此，作为被征伐国的代表苏秦这时来游说征战国的赵惠王，可以想象是何等艰难之事！因此，当苏秦到达赵国时，赵王就明确摆出拒绝的态度，只是一味做礼节上的寒暄与客套，哪里有什么丝毫的诚意听苏秦游说。苏秦此时若是单刀直入，说明来意，直陈说词，很可能要吃闭门羹。所以，苏秦根据当时实际情况，以一种曲折委婉的方法不讲来意，而是佯装与赵王闲聊，给赵王说了个"鹬蚌相争"的寓言故事，麻痹赵王，赵王在随和的气氛中，在津津有味的闲聊中解除了敌对游说心理与情绪后，才话锋一转，一语点破故事的真意，使赵王如梦方醒，最后赵国未对燕国用兵。

### 马上试一试

没有人愿意伤害自己，同样没有人愿意因自己的行为带来损失。但是，有些人根本不知道采取某种做法会对自己有什么利害。在这个时候，如何让对方清楚地看到事情的害处和不这样做的好处成了重中之重。

# 7. 个性精明灵活，做事随机应变

在商业化的社会，每个人都希望发财致富，但积累财富并不是一件容易的事。当然，如果你是一个性格精明、灵活的人，就能够运用精湛独到的思维和缜密的行事手段为自己创造出一条生财之路。

创造财富的道路有很多条，在选择道路的时候取决于你的性格，如果你性格机敏、精明，那么就可能选出一条恰当的路，这样获得成功的可能性会更大一些。

艾伦·莱恩出生于英国，他17岁进入伯父开办的鲍得利·希德出版社工作。伯父去世后，莱恩继承了伯父的事业，出任该出版社董事。

这时，出版社正处于举步维艰的境地。为了使伯父创办的这项事业不致在自己的手中夭折，莱恩苦苦思索着，却毫无结果。说来也巧，有一天，莱恩在一个候车室的书摊旁无目的地闲逛，他突然发现，书摊上除了高价新版书、再版小说和庸俗读物外，几乎没有可看的书。

这一偶然的发现触发了莱恩的灵感，头脑灵活的他冒出了一个大胆的设想："出版价格低廉的平装书，肯定能赚大钱！"当时，英国的新版书都是精装本，价格很贵，普通民众大多都买不起。莱恩坚信，价格低廉的平装书肯定会受到民众的欢迎。于是，他立即制定了出版廉价系列丛书的计划。

莱恩的举措在英国出版界引起了强烈的反响，同行们议论纷纷，都说他不仅是自我毁灭，而且也将会使整个书业界受到严重的影响，就连莱恩的两个弟弟也对他的计划表示怀疑。但莱恩认定这是他的企业走出困境的唯一生路。他通过努力，最终说服弟弟，使这项担风险的计划得以实行。

莱恩决定出版第一套系列丛书，其中包含10本，全部采用平装，并缩小规格。与精装书相比，不但节省了封面制作的成本，而且由于缩小规格而节省了纸张。再加上莱恩决定以购买再版图书重印权的方式出版这10本书（许多出版商都愿意以较低的价格将自己的图书再版权出售给莱恩，因为他们认为莱恩无疑是把钱往水里抛），这样就大大地降低了成本费。莱恩把每本书的价钱压到6

便士。这样，人们只要节省6根香烟，就可以购买一本书。

为了吸引读者，莱恩为这套书设计了一个惹人喜爱的标志物，每本书的封面上都绘有一只翘首站立的小企鹅，它黑白相间，站立于椭圆形的圈内，栩栩如生。莱恩为这套书起名为《企鹅丛书》。莱恩还用颜色表示图书的类别：紫色为剧本，橘红色为小说，浅蓝色为传记，绿色为侦探类，灰色为时事政治读物，黄色为其他类别。经过这一系列改革尝试，莱恩推出的这套书，不仅装订简单、字迹工整，而且色彩鲜艳明快，令人耳目一新。

莱恩心里清楚：这样廉价的书必须薄利多销。他做了一下计算，每本书的销售量达到17500册以上，才能保住本钱。为了达到这个销售额他派人到各地去宣传、推销。1936年7月是个值得庆贺的日子，第一批10卷本《企鹅丛书》正式问世。不到半年时间，这套书就销售了100万册，莱恩成功了。1937年元旦，企鹅图书公司宣告成立。此后，该公司一直坚持薄利多销、为大众服务的原则。企鹅图书公司垄断英国平装书市场20多年，在出版界引发了一场革命。

目前，企鹅图书公司已经成为全世界屈指可数的平装书出版社，艾伦·莱恩也被推崇为英国"平装书革命之父"。

从莱恩所做的一系列决策可以看出，他的性格机智、灵敏，也是因为这样的性格，才使他在竞争激烈的商场上开辟出一条康庄大道。

❀ 马上试一试 ❀

与性格木讷呆板的人相比，性格机敏的人更容易成为财富、成功的拥有者。毕竟，思路决定出路，而一个性格木讷呆板的人是很难有一个好思路的。

# 8. 思维活跃，能走创新之路

社会在变，环境在变，只有思维活跃的人才能够在新环境中想出新颖的做事方法，从而在满足社会需求的同时发展壮大自己的事业，积聚更多的财富。

在商业活动中，性格机敏者会在积极寻求某种新的设想时，有意识地更新头脑中旧有的思考程序和模式，时时警惕和排除它对思路产生的束缚作用。

日本的东芝电器公司，在1952年前后曾一度积压了大量的电扇不能售出，七万多名职工为了打开销路，费尽心机地想了不少办法，依然进展不大。

有一天，一个小职员向当时的董事长石坂提出了改变电扇颜色的建议。在当时，全世界的电扇都是黑色的，东芝公司生产的电扇自然也不例外。这个小职员的建议引起了石坂董事长的重视。经过慎重思考和研究，公司决定采纳这个建议。

第二年夏天东芝公司推出了一批浅蓝色电扇，大受顾客欢迎，市场上还掀起了一阵抢购热潮，几个月就卖出几十万台。以后，在日本，以及在全世界，电扇就不再是一副黑色面孔了。

只是改变了一下颜色，大量积压滞销的电扇，几个月之内就销售了几十万台。这一改变颜色的设想，效益竟如此巨大。而提出它，既不需要有渊博的科技知识，也不需要有丰富的商业经验，为什么东芝公司其他的几万名职工就没人想到、没人提出来，而那个小职员却想到了这个办法？其原因不难悟出，就是因为东芝公司的上层人士不能及时更新自己的旧模式。

G·华莱士调查了各种人的经验，提出了思维的"四阶段论"。如想搞发明制订新的研究计划，或者设计出版物内容的结构时，开始阶段总是有意识地从各方面加以努力，然而却难以理出头绪。有时连续几天冥思苦想，也归纳不出可行的办法。于是便焦躁不安，或陷入悲观情绪之中，以致打算半途而废。不知是出于什么样的机遇，在这样的情况下有时会突然闪现出好主意来。

经过第一阶段的努力后，获得的是稍高于一般常识但并不是成熟了的概念。经过下一阶段的酝酿期，才酿得名酒一般使概念趋于成熟。然而，一般人闯不过酝酿期，也不相信酝酿期的存在，所以，在第一阶段徘徊不前。在这种情况下，如果了解G·华莱士四阶段论的准备、酝酿、突然出现的机制，人们既能再加一把劲进入酝酿期，又能在自我训练方法上采用新手段。

为什么日本以及其他国家有成千上万的电气公司，以前都没人想到、没有人提出来改变电扇颜色？这是因为，自有电扇以来都是黑色的，而彼此仿效，代代相袭，渐渐地形成了一种惯例、一种传统，似乎电扇只能是黑色的，不是黑色的就不称其为电扇。这样的惯例、常规、传统，反映在人们的头脑中，便形成一种心理定式、思维定式。

时间越长，这种定式对人们的创新思维的束缚力就越强，要摆脱它的束缚也就越困难，越需要作出更大的努力。

东芝公司这位小职员提出的建议，从思考方法的角度来看，其可贵之处就在于，它突破了"电扇只能漆成黑色"这一思维定式的束缚。

### 🌸 马上试一试 🌸

不要被思维定式所束缚，要积极进行创新思考。只要做到了这点，就能够在不同的阶段根据不同的情况想出致富的好办法。

# 9. 精明机智，虎口化险为夷

人生之路，身陷险境的可能性总会有的。当遇到这种情况时，性格机敏的人常常会凭借智慧来寻找希望，小心应付着周围的一切，保证自我安全，然后慢慢脱身。

唐代上官婉儿还在襁褓之中时，她的祖父上官仪因不满武则天专权而招致灭族之灾。她同母亲郑氏一起被没入宫中为奴。

上官婉儿入宫后，在母亲郑氏的教导下，饱读诗书，擅长诗文。郑氏在指导女儿读书的同时，也将家庭惨祸的真相逐步告诉给上官婉儿。上官婉儿的幼小心灵中，埋下了仇恨的种子。在12岁时，被调到太子李贤身边为侍女。

环境的险恶，造就了上官婉儿谨慎、机警、精明的个性。她深知要在宫中立住脚，保住命，必须找到一个强有力的靠山，当时太子李贤就是最佳人选，自己年轻、漂亮、有才，若能打动太子李贤之心，将来也许能够使大仇得报。有了这种想法后，上官婉儿很注意讨好太子李贤，一个秋夜，太子李贤倦读，出来走动，突然一阵颇有些哀怨的瑟声萦绕耳畔，便问何人抚琴，左右回答说是上官婉儿。他命人传婉儿进殿为自己抚琴。

不一会，上官婉儿来了，谢过太子贤便坐了下来。她当时的心情很乱，因为在那一天，她进宫整整13载。想到祖父、父亲的冤死，想到母亲与自己的悲惨处境，心中禁不住愁绪翻滚。她想说，但又不能说。想倾诉又不能倾诉，于是，她决定弹奏情绪激烈的《广陵怨》宣泄一下内心的情绪。

于是，上官婉儿闭目凝神了一会，用长指甲在琴弦上只一拨，"叮"一声，恍惚天地为之收拨，山川为之愁蹙，本来阴晦的天色更抹上一层黑暗。待她开始弹曲调时，那声音，幽杳中夹着悲愤，悠远中混着伤痛，散入空气就像一匹中箭的野马在无边广漠中旋卷飞腾，那奔腾的马蹄踢踏起滚滚灰尘化为一团一团的浓雾，令人闻之心情浩茫，灵魂震颤。这时，鹰隼在高空盘绕而不能下，虎豹在林中低徊而不能止，花草霏霏萎谢，虫鱼点点蛰伏。悲哀，这是一种令人恐怖的悲哀，它如同利箭，剪断所有有生之伦的生机与欣意。忽而天地低压下来似的，云霾密布，景色愁惨，风雨吹飘，有如啜泣。或许是心中积怨太深了，或许是感情抒发得太强烈了，最后则有如惊雷一声巨响——琴弦断了！

太子贤心中暗暗吃惊。对于上官婉儿的家世，他早就了然于心。而《广陵怨》中的不平之意，他也听得清清楚楚。他由《广陵怨》想到了《广陵散》，想到被司马昭所处死的嵇康，上官婉儿不正是以此事而喻家世吗？小小年纪就敢如此行事，真是胆大包天！不过，李贤并没有发作，他猜到上官婉儿的矛头是指向母亲武则天的，这倒使他产生了一种非常复杂的情感。对于母亲的专横，他心中早就有所不满，哥哥的死亡之谜，更使他心中疑团不散。由此，他对上官婉儿竟颇有几分同情之心。

因为如此，太子李贤没有降罪于上官婉儿，躲过了这一劫的上官婉儿更成熟更老练了。从此诗作也大有长进，一次梦境带给她的启迪，使她写了一首改变命运的诗。

在一个秋夜，上官婉儿坐在案前，恍惚中，她好像来到了荒野，她骑着马走到一片水域前听到屈原的歌声，她当时一惊，醒来了。

从梦中惊醒的上官婉儿思忖了许久，最后以极为含蓄的笔调写下了《彩书怨》一诗。诗云：

叶下洞庭初，思君万里余。露浓香被冷，月落锦屏虚。

欲奏《江南曲》，贪封蓟北书。书中无别意，惟怅久离居。

　　《彩书怨》做成后不久竟传到了太子贤手中，他读后心有所动，便将上官婉儿唤去问道："这《彩书怨》是写给谁的？"婉儿心头一惊，忙说："是奴婢写给自己的。"太子贤追问："你的心有了寄托吗？"上官婉儿此时定过神来，回答说："奴婢是假托着湘夫人思念大舜皇帝呀。"太子贤笑了笑，说："这当然不错。'叶下洞庭初，思君万里余'，这看来是指大舜。大舜南巡不返，死在苍梧之野。不过，诗中用字太尖刻了，非湘夫人的口气，你该是另有寄托吧？"上官婉儿还未来得及回答之时，武则天突然驾到，太子贤准备迎驾，只得让上官婉儿暂且回避。

　　武则天到了太子的书房，随手翻阅案头的《孝经》，竟从中翻出上官婉儿的《彩书怨》，读罢大怒："这是谁人之作？"太子非常惶恐地回答："禀奏母后，那是上官婉儿所写。"武后更加严厉了："上官婉儿？她是谁？""启禀母后，上官婉儿是上官仪的孙女。14年前，上官仪及其子上官庭芝服刑之后，上官婉儿便与其母郑氏入宫为奴。"当武则天把上官婉儿唤至跟前，得知上官婉儿年仅14岁时，大吃一惊，她心潮难以平静。14岁正是自己入宫时的年龄。想到这里，武则天认真地打量面前这位少女：她身材轻盈，面容姣美，眼角眉梢间有一股倔强之气。武则天心中不免有点喜欢她了。她知道，《彩书怨》的内容很微妙，它不仅仅是写湘夫人思念大舜，首句"叶下洞庭初"不是很容易让人想起屈原吗？上官仪是初唐著名诗人，开创了"上官体"，婉儿是不是在怀念她的祖父呢？或者，其中还有更为复杂的寄托吧？

　　武则天决定亲自考试上官婉儿，便说："14岁就能写出这样的诗，委实不易。你能当我的面另外做一首吗？"

　　"请皇后陛下出题。"

　　武则天在室内环顾一番，看到剪绣花，便决定以此为题："你就以《剪绣花》为题，做出一首五言律诗，要与《彩书怨》同韵。"

　　上官婉儿铺好纸，备好笔，凝思片刻，一挥而就：

　　密叶因裁吐，新花逐翦舒。攀条虽不谬，摘蕊讵知虚。

　　春至由来发，秋还未肯疏。借问桃将李，相乱欲何如？

　　武则天读罢，心中不免暗暗称奇。这首诗写得相当不错。尤其是最后两句，诗人突发奇想，同桃李直接对话问得巧妙，问得有趣，既出意料之外，又在情理之中，可谓妙笔，结得不俗。

武则天把《剪绣花》又读了一遍，心中突然有了一种异样的感觉，她反复诵念着最后两句："借问桃将李，相乱欲何如？"武则天厉声问道："上官婉儿，你这两句是什么意思？"

"是说假花可以乱真。"

"你是不是有意在含沙射影？"

"皇后陛下，古人云'诗无达诂'，要看读诗者心态如何。陛下如说我在含沙射影，奴婢也不敢狡辩。"

"上官婉儿，我杀了你祖父，杀了你父亲，你与我有不共戴天之仇，是否？"

"如果陛下以为是，奴婢也不敢说不是。"

回答得好！不卑不亢，柔而有刚，上官婉儿的机警果断彻底征服了武则天，武则天不由得真正喜欢上了这位少女。

人们不得不为上官婉儿的聪明而鼓掌，如果不是机警、精明的她洞察了武则天的内心，回答得体，那么上官婉儿可能是另一种命运了。

### 🌸 马上试一试 🌸

要知道，在有些时候，只有自己才能救自己，不能够把希望寄托在他人身上。一旦完善了机敏的性格后，在身处险境时就不会显得六神无主，而会仔细观察周围的一切，然后积极地思考求生的办法，使自己转危为安。

# 10. 在细微处发现有价值的信息

成大事者可以不拘小节，但一定不能忽视细节，正如先哲老子所说："天下难事，必作于易；天下大事，必作于细。"一个善于抓住细节的人，可以从细微处学到别人学不到的东西，从而做到别人做不到的事情。

一个人如果想要提高自己的能力，必须时时刻刻向别人学习，学习他人的优点，弥补自己的缺点。这就要求每个人必须细心观察周围的人和事，做到处处留心，不放过身边每个细节。

有这样一个故事：

小秦和李明差不多同时受雇于一家大型农贸市场，二人开始干的都是一样的工作，从最底层干起。但不久后，小秦好像受到总经理的特别青睐，一再被提升，实现了职场的三级跳，从职员到领班最后直到部门经理。李明却一直在最底层，而且也没有被提升的迹象。李明始终不明白，自己工作并不比小秦弱，可是为什么呢？他在反问自己。终于有一天他忍无可忍，向总经理提出辞呈，并表达了对总经理的强烈不满，抱怨说辛勤工作的人不提拔，倒提拔那些吹牛拍马的人。

总经理耐心地听着，他了解李明这个人，工作肯吃苦是毫无疑问的，但似乎还缺了点什么，缺什么呢？一时还讲不清楚，凭口说他也不服。这时，总经理忽然有了个主意，这也许能够让李明知道他为什么不被提拔了。

"李明，"总经理说，"现在你马上到集市上去，看看市场上有什么新来的货卖。"

李明点头应是，迅速跑了出去。他很快就从市场回来了，说道：刚才集市上有一个菜农拉了一车白菜在卖。

"那车白菜大约有多少袋，多少斤？"总经理问。

"这个……我还没有问。"说完，李明又跑去，回来后说有40袋。

"价格是多少？"李明还是不知道，无奈再次跑到市场上。

李明回来后，总经理望着跑得气喘吁吁的他说："你先休息一会吧，看看同样的一件事情，小秦是怎么做的。"说完叫来小秦对他说："小秦，你马上到集市上去，看看今天有什么新来的货卖。"

小秦也很快从集市回来了，他向经理说："市场很冷清，现在来了一个菜农在卖白菜，有40袋，价格适中，质量还不错，我买回棵白菜让总经理看看。另外，这个农民告诉我，过一会儿，他还将拉来几箱西红柿，据我看价格还比较合理，我还留了那个菜农的电话，什么时候要货可以给他打电话。"

这时，总经理看了看脸红的李明，认真地对他说："职位的升迁不仅是要靠肯吃苦，而且还要靠能力，靠工作中的细节。眼下你最好再学一段时间，看看别人都是怎么做的，你就会进步了。"

通过这则故事我们发现，在以能论职的同时，要想提高自己的能力，必须关注工作中的每个细节，并且要善于向他人学习。

生活中，很多人在训斥别人不会办事时，常说这样的话："没吃过肥羊肉，还没看过肥羊走吗？别人办事为什么那么好，你不会，难道还不会学吗？"说这样话的人，虽然有点自以为是，但却清楚地点明了一个简明而实用的道理：那就是通过细心观察周围的人和事，可以学到很多办事技巧，提高自己的能力。

话还得说回来，一个人办事是否周全、细致、圆满，固然与他的天生素质有关系，但这并不是绝对的。事实上，那些受人欢迎，办事能力强的人，有很多东西都是经过后天的学习、培养、锻炼出来的，绝非天生的。

俗话说，处处留心皆学问。生活中、工作中，每个人身边都有能说会道、办事干练的人，这些人的言行举止都是我们应仔细注意观察和学习的。学习他们如何与领导说话，如何求同事帮忙等细节，然后，动动脑筋分析一下他们这样做的原因是什么，看看他们这样做达到了什么样的效果。这样，时间长了，你也就能成为会办事的人了。

舞蹈家冯某对北京某大酒店的一位门厅服务员，就曾做过细心的观察。当他第一次来到该酒店的时候，这位服务员向他微笑致意："您好！欢迎您光临我们酒店。"时隔不久，当他第二次来到该店的时候，这位服务员马上就认出他来，边行礼边说："冯先生，欢迎您再次到来，请里边走。"随即陪同冯先生上了楼。几个月后，当冯先生第三次来到该酒店大门时，那位服务员笑容满面："欢迎您又一次光临。"冯先生十分高兴地对他的朋友说："不呆板，不机械，很灵活，工作很仔细！"

这位服务员应当受如此表扬。他不仅能够根据实际情境的变化运用不同的客套话，而且观察仔细，充分展示了他对工作的热爱和说话的艺术。

在平常的生活中，每个人观察和学习他人的机会很多，亲自锻炼的机会也不少，这时就要仔细一些，认真一点。比如，在家里，来了客人，在应酬客人的时候，要注意哪些细节问题；在单位里，看客户怎样与领导洽谈，掌握其中的细微变化。只要做个处处留心的人，认真观察学习，就能提高我们的办事能力。

**马上试一试**

性格木讷的人只会按照别人的提醒一步步向前走，对细节视而不见，这种人常在竞争中被淘汰；而性格机敏的人却能够在别人吩咐的基础上多思考一步或几步，从而把事情做得更加细致，得到上司或客户的赏识。

# 11. 先谈人情，再做生意

俗话说"拿别人的手短，吃别人的嘴短"，这里提到的便是人情问题。一个人如果欠了别人的人情，在别人前来求助的时候就不好意思拒绝。只要在自己的能力范围内，他总会尽力来帮助别人。性格机敏的生意人很会利用人情做文章，在有些时候通过"随手"就能够将人情做足，的确令人佩服。

张先生在代表日商与中方谈判合同价格时，深谙其中的技巧。他熟谙反客为主的真谛，总爱先抓住中方报价中的漏洞，乘机掌握谈判的主动权，然后步步紧逼取得成功。张先生得心应手地施行此计绝非一日之功，全靠平素的经验积累和勤于思索，尤其是第一次出马就走弯路的教训，给了他有益的启示。

张先生首次代表日商与上海一家五金公司洽谈中国钨砂的购销业务。钨是冶金、机电、电子、航空、航天工业的重要原材料。中国钨砂品位居世界之最，一向被国际市场重视，也是中国五金矿业的免检产品。但由于某西方国家的从中作梗，一些官方进出口渠道不是很畅通，于是，民间的转口贸易就成为外商眼热的生财之道。此番一家公司上海办事处派张先生登门，意在征询试探。他走进这家公司的业务科，见四处胡乱地堆着杂物，办公桌上散着碗筷，有的在看报纸，有的在闲聊，有的在电话里谈私事，却没有一个人接待他。张先生掏出美国烟散了一圈，才被告知科长不在，然后继续遭冷落。过了一会儿，一个打完电话的小伙子有些不好意思了，上前搭话。

张先生极想通过这个小伙子促成交易，他尽力把涉及的双方利益全都说得清清楚楚、详详细细。可小伙子听完后却摇摇手，说自己"做不了主"。张先生又介绍了促成这笔生意的方法、步骤。小伙子又笑了笑说："不要讲那么多，生意成不成对你关系很大，对我没有一丝一毫的好处，不会多拿一分钱的奖金。"

在等待可以做主的科长回来时，张先生就与小伙子闲谈起来。话题慢慢地由电影扯到歌星，张先生说自己认识香港某著名歌星的经纪人，小伙子立刻来了精神，称赞张先生"脑子活络"。张先生是上海人，他当然知道这句上海话中隐藏着的那种含义，他当即拍胸脯保证：下午就送几张这个歌星在上海举办演唱会的票子来。这一招竟使小伙子有些眉飞色舞了。

张先生虽没有搞到歌星演唱票的路子，但他讲信用。从五金公司出来，他驱车赶到体育馆门口，高价买了10张黑市票，再折回五金公司业务科。小伙子惊喜了，全科人员也开始重新认识张先生。于是，热气腾腾的香茶端来了，亲热的脸庞凑近了，大家不再把他当成外人看待。

"慢慢来，跟我们公司做生意，总是开头难……"小伙子劝慰张先生。科里的其他人也七嘴八舌地告诉张先生："只要能跟我们业务科搭上线，这桩生意随便你怎样做，公司头头没有一个懂业务，关键是叫他们愿意跟你做买卖。"张先生当即答道："我想办法再弄点演唱会的票子……""这对头头没有用。"小伙子断然否定。张先生一脸沮丧，掏出十几只一次性进口打火机分送给每个人，请求帮助。

同乡之情最容易使彼此的心贴近，洋买办在自己面前是个弱者，更能使上海人的自尊心获得满足并慷慨地付出同情。业务科的人替张先生出谋划策了："只要张先生把日本老板带到公司里来，公司领导就不得不出面接待，到那时大伙帮着说说，再特别强调一下你们商社是我们公司的老关系户，成交就不困难了。"在张先生的疏通下，事情很简单也很成功。公司头头见到了日本商人，表现出极大的热情，双方拍板成交仅用了不到一个小时。

如果张先生不懂得做足人情，这桩生意的成功率将会减少许多。然而，张先生是个聪明人，懂得利用人情打动这家公司的基层人员，然后在他们的帮助下做成生意。虽然他只是随意地为这些基层人员做了一些小事情，但却得到了丰厚的回报。

一个心中只有生意的人，一定不是一个成功的生意人。这种人性格木讷，只是急于做成生意，不懂得为人处世之道，结果常常把本可以谈好的生意弄砸。而性格机敏的生意人谙熟人情世故，懂得借助他人的力量来谈生意，从而能够将有可能告吹的生意谈成功。

# 12. 知己知彼，灵活应对

所谓"知己知彼，百战不殆"，之所以如此，是因为在洞察了敌情和了解自我情况后，能够利用我方的优势来对付敌方的薄弱环节，即使在整体上处于敌强我弱的态势，也会通过灵活的作战方式来击败对方。

唐宣宗大中十三年（859），浙江出现了以裘甫为首的一伙盗贼，屡次击败前来镇压的官军。浙东地区山林海岛中亡命之徒纷纷云集于裘甫的麾下，其部众竟然在很短的时间内发展到3万余人，裘甫自称天下都知兵马使，遂聚积资财、粮草，雇请优良的工匠，打造军用器械，声势震动中原。

浙东观察使郑祗德几次派兵镇压，都被裘甫所败，于是向朝廷上表告急。朝廷知郑祗德不能胜任，也正在议论选派一名武将去代替他。但是在推荐人选的问题上，大臣们却是各持己见，争论不已。最后宰相夏侯孜说："浙东地方有山有海，阻拦通路，只可以用计谋攻取，难以用强力夺取。朝中武将没有智谋，只有前安南都护王式足智过人，他是儒家文士的儿子，当地华人夷人都归服于他，其威名远近皆知，可以任用他前往浙东征讨裘甫。"诸位大臣也都认为夏侯孜说得有理。

于是宣宗立刻召见王式，问他有何良策可以尽快消灭贼军。王式回答说："只要多派军队，贼军很快可以攻破。"有个宦官说："大量调发军队，所花的军费太大，并非良策。"

王式说："多调发军队，将贼军迅速消灭，所有的军费反而可以节省。若少调发军队，不能战胜贼军，将战事拖延几年几月，贼军的势力日渐壮大，江淮之间的群盗将蜂起响应。现在国家的财政用费几乎全部仰仗于江淮地区，如果这一地区被叛乱的贼众所滋扰，财富输送之路不通，就会使上至九庙，下及北门十军，都没有办法保证供给，这样一来，耗费的军费岂不是更多？"宦官无言以对。

唐宣宗听了他的一番话，也觉得十分有道理，于是立即颁下诏书，调忠武、义成、淮南诸道军队听从王式指挥。王式进入浙东，开始重新修订法令、军纪。经过王式的整治，无人再敢以军饷不足、患病卧床为由不愿出战了，要求先升官再出战的人也不敢再说话了。

由于当时裘甫的势力很大，人们都惧怕他，所以有很多人通敌。而对裘甫派来的间谍，越州府官吏不但不将其逮捕，反而收买他们。州府中的许多文武官吏曾暗中与裘甫军通信，若裘破城之日，或能免于一死并保全妻子儿女。王式暗中察明，把主要的通敌人员逮捕处斩，并申明了纪律，规定没有经过严格检查的人不得出入。夜里安排严密的警戒，这样一来，裘甫无法再探听官军的虚实。

然后，王式命令越州所属诸县打开仓库放粮，以赈济贫苦的百姓。有人提出疑问："裘甫贼寇还未消灭，军粮正急于使用，不可散发。"王式答道："这我自有缘由。"还有人请求建烽火台，用来警报贼寇的来犯，王式只是笑了一笑，而不予答应。

王式又挑选出孱弱的士兵，让他们骑上强健的战马，配以很少的武器，作为侦察骑兵。虽然部下又感到惊讶万分，但谁也不敢再多加追问。众将士不知道王式妙计何用，有人甚至怀疑王式会不会用兵。

官兵在王式的指挥下，几次与裘甫军交锋，都取得了胜利，最后裘甫被围困在剡县城中。贼军城中无粮，水源被断绝，裘甫被迫出城投降。

于是王式大摆庆功宴，与众将士欢呼痛饮，但大家对他克敌制胜的奥秘仍不明白。有人问："您刚到越州赴任时，军粮正紧张，而您却将官府仓库的仓粮散发给百姓，赈救贫困乏粮者，其中用意是什么？"

王式解释说："这个道理十分简单，裘甫贼众聚谷米引诱饥饿的人们，我分发粮食，饥民就不会被裘甫引诱入伙为盗。况且诸县守兵极少，如果不分粮食给民众，裘甫贼军赶到，官府的谷米正好成为贼寇的资粮，为盗贼所用，岂不是一举而二失？"

又有人问："那您又为什么不设烽火台呢？"

王式说："设烽火台不过是为了求取救兵，我手下的军队都已安排了任务，全都开拔，越州城中没有军队可用作援兵，设置烽火台不过是徒费功劳，惊扰乡民，使我军自乱溃散而已。"诸将又问："您派孱弱的士兵充当侦察兵，而且给他们配以很少的武器，这又是什么道理呢？"王式笑着说："如果侦察兵选派勇武敢斗的士兵，并配给利器，遇到敌人有可能会不自量力上前搏斗，如果都战死了，就没有人回来报告，我们就不知道贼军的到来，这样的侦察兵有什么用呢？"众将士听完这一番解释后，都对他佩服得五体投地。

### ❀ 马上试一试 ❀

性格机敏的王式之所以能够击败实力强大的盗贼，关键在于他能够做到知己知彼，抓住对方的心理活动，然后灵活运用策略或迷惑对方，粉碎对方的阴谋，顺利克敌制胜。战争如此，商战同样如此。要想在竞争激烈的商场中占有一席之地或脱颖而出，就应该清楚地知道自己的实力，然后通过灵活的方式来躲过竞争对手的排挤。在一次次躲避之后，自己自然会强大起来。

# 第四章 该出手时就出手，行事果断创生机

——改变优柔寡断的性格

即使是最不幸的人，也会受到命运女神的青睐。如果优柔寡断，就很可能与机会擦肩而过。当人生不如意时，怨天尤人毫无益处，改掉这种糟糕的性格最重要。机会稍纵即逝，只有性格果断的人才能牢牢将其握在手中，使自己拥有的资源得到最好的发挥，走好人生最关键的几步。

# 1. 贵人难遇，果断出手抓住他

除非运气糟糕透顶之人，绝大多数人都会在一生之中遇到几个对自己事业大有帮助的人。然而，性格优柔寡断的人却因各种原因而不敢靠近，眼睁睁看着"贵人"从身边离去；性格果断的人会抛开各种顾忌，迅速去抓住"贵人"的手，借助"贵人"成大事。

在奋斗的过程中，如果得到贵人相助则取得成功更为可期。人的一生贵人有很多，关键在于你能否与之"牵手"，如果在遇见贵人时，不瞻前顾后、畏首畏尾，放弃一切顾虑，勇敢地拉住贵人的手，那么就会得到他的全力相助。刘邦的成功，就是因为具备与贵人"牵手"的能力及行事果敢的性格。

公元前225年，秦攻灭了楚国，刘邦的家乡隶属楚地，自然也跟着并入秦的版图，公元前221年秦统一全国，刘邦27岁，这时的他在仕途上没有什么起色，只不过是结交到了一批侠肝义胆的朋友。

刘邦30岁时，他在沛县的关系网已经编织得像模像样了。因萧何的推荐，刘邦"试为吏，为泗水亭长"。在秦代，"亭"的最主要职能有两个：一是政府部门公干时经由的驿站，即过往官员歇脚的招待所，要为过往的官吏们提供食宿等方便，因而亭长的主要任务就是迎请接送这些过往官吏；二是相当于今日的公安派出所，要维护管辖范围内的治安。

当了这样有一方实权的小官，就必然与其他亭的同僚们发生交往关系，这就为他步入仕途创造了条件，也为他产生非分的抱负提供了土壤和契机。尽管位卑职微，但对刘邦来说，总算挤进了官吏序列，算得上稍稍出人头地了。

沛县县令有个好朋友吕公，因在家乡结了仇，为逃避报复，带着全家来到沛县投靠县令。沛县衙内的官吏和社会名流，听说县令来了贵客，借以讨好、巴结县令而纷纷赶来祝贺。

县令让助手萧何主持操办收受钱财、举办宴会、接待来宾等事宜。因为前来送贺礼的人太多，主办宴会的堂屋又不算太大，显得有些吃紧，萧何只好安排贺钱超过一千贯的人，坐在堂内，一千贯以下的安排在堂外就座。刘邦自然不愿放弃这一巴结县令的良机，但他又实在出不起钱，但是经过思想斗争之后，在听到萧何的宣布时，他不动声色地迈步上前，拿起墨笔就在礼单上写了"贺钱万"三字。就是说，他的礼金是一万钱，实际上，他当时根本没有。

吕公听后大吃一惊，以为来了贵族，亲自到门口迎接，将刘邦引到堂内。刘邦也不客气，径直坐在上座。刘邦的举动首先得罪了荐他去当亭长的萧何，他当时就对人说："刘邦爱吹牛、说大话的毛病啥时都改不掉，现在又来了。"大家对刘邦虽有微词，但那位吕公却会些相术，一见刘邦就觉得相貌不凡，因此，并不真的计较他是否真能拿出来一万钱，反而对刘邦十分敬重。

在酒宴上，人们谈兴又起，围绕着刘邦的"贺钱万"，有人想起了那些关于刘邦非同凡人的传说，于是交头接耳，议论不止。在席间窃窃的议论中，刘邦春风得意，更加表现自己，目的是给吕公以鹤立鸡群的印象，而众人在他的气势之下自然显得有些委顿。刘邦见形势对自己有利，再加上有备而来，便公开说明自己的不同之处，从"龙种"说到"龙颜"，一时说得四周的人惊疑不定。刘邦见大伙不太相信自己，仗着酒兴，顺势一下子捋起裤管，向四下里展示自己腿上的七十二颗黑痣，并得意地问大家："你们知道吗？这可是赤帝的标志啊！"众人见状，皆疑为神人。

这一切，自然都是刘邦表演给吕公看的，刘邦原本希望能够结交到吕公这样与县令有亲密关系的贵人，以后能够替自己说上话，以便在仕途上有一个更加有力的后盾，没想到吕公看了这一切之后，却另有打算。酒宴快要结束时，吕公示意刘邦酒宴后留下来，刘邦当然求之不得，当然不肯放过这个机会了。酒宴结束后，吕公和刘邦单独交谈，越交谈吕公越认为刘邦是一个不可多得的人才。吕公说："我从小钻研相术，观察不少人，但从没有遇到你这样尊贵相貌者。如你好生努力，前程无可限量。如你不弃，我有一女儿，愿意嫁你为妻。"

已而立之年的刘邦大龄未娶，听后自然大喜过望，岂有不愿意的道理？自然是满口称谢，应声连连。然而事有不料，吕公将决定告诉了夫人，夫人认为荒唐，生气地对他说："你一直认为女儿与众不同，是个富贵相，一心要让她嫁个贵人。县令主动求婚，你还没答应，怎么稀里糊涂把女儿嫁给那个无赖呢？"吕公见无法解释，就专断地对夫人说："妇道人家，哪里懂得其中的许多。"不顾夫人的反对，毅然把女儿嫁给了刘邦。

其实细细分析，吕公之所以作出这样的决定，当然不是一时的冲动，也肯定不是因为刘邦夸口的万钱。一生阅人无数的他，怎能看不出来刘邦是一个穷小子？更不会是因为刘邦的相貌好。真正的原因之一是刘邦在酒宴上所表现出来的从容大度、不卑不亢，足可见刘邦终非池中之物，更何况刘邦能够在县令筹备的酒会上如此表现，而其他的人不加阻止，自然有着一定的势力。

吕公初到此处，虽然不张扬，但也会暗中打听在沛县有什么样的人物，刘邦的名字吕公肯定也会听说过。因此也会了解刘邦虽然无业无钱，但是在沛县却具有一定的影响。原因之二，相术之说尽管未必可信，但一个人窝囊或凌锐，总可以看得出来。一个人的内在气质、精神状态、健康状况，自然会通过他的神情、言语、动作表现出来，作为社会阅历比较丰富的吕公当然看在眼里了。

刘邦所有尽力的表现，本意是结交一个重量级的后盾，但没想到吕公竟会将女儿下嫁给自己。这个意外的收获，也正是他梦寐以求的，这样一来，大大提高了他在当地社会的声望和知名度，成为当地的风云人物。

从刘邦抓住他人生中这个重要的贵人的过程来看，机智、勇敢、果断在他身上表现得淋漓尽致，他靠着这样的性格获得了吕公的赏识，最终借助吕公的名望打响了自己的知名度。

### ❧ 马上试一试 ❧

"贵人"难遇，一旦遇到后一定要果断出手，把他变成人脉网中的一分子。只要能够与所遇到的"贵人"牵手，得到他们的帮助，你的人生就会有一次或几次大的转折。

# 2. 确定目标，迅速出击别犹豫

英国管理学家罗杰·福尔克说："管理人员应该具有的首要素质是思路清

晰。指挥混乱，行动迟缓是管理人员缺乏果断思考能力的表现。"每个人都是自身或自我事业的管理者，要想促进自身发展或自我事业的发展，就应该完善果断性格，这样才能具备果断的思考能力，也才能事业有成。

伯特·默多克，1931年生于澳大利亚墨尔本以南30英里的一个农场，他是家中4个孩子中唯一的男孩。因此父亲对他寄予厚望，10岁时便送他到澳洲杰隆贵族寄宿学校上学，在这里，因为生活氛围的影响，默克多形成了果敢、孤傲的性格。

由于是一个报业管理者的儿子，他被王公贵族的子女孤立。1950年，他到牛津大学学习，但在牛津大学，他又一次被排斥。牛津大学的同学同样不喜欢他，因为他只不过是一个下层社会的澳洲佬。这种令人自尊受挫的怠慢促使默克多成为一个反英人士。默多克的父亲是一个非常成功的报业管理者，主办着包括墨尔本的《先驱报》在内的4家报纸。1952年，默多克的父亲因病去世，在遗嘱中老默多克说，如果受托人委员会认为默多克值得支持，他希望默多克在报业及传播领域中创造一个有价值的人生。

但是据默多克的母亲说，老默多克对默多克是否有能力接管他所创立的事业心存疑虑，当时未满22岁的默多克急匆匆回到家乡，接过了父亲的事业，用自己的实际行动回答了父亲。

默多克返回澳大利亚，在整理财务的时候，发现父亲的资产存在一些混乱，几家报纸在财政上出了问题，如果继续经营将陷入危机。在这种形势下，他果断地做出决定，说服母亲，只留下两份报纸，其他的都转让出去。确立了发展目标后，默多克又到伦敦《每日新闻》参加了简短的培训。

1953年，默多克返回了澳大利亚的阿德莱德后，担任了《新闻报》和《星期日邮报》的出版人，这时他刚满22岁。

默多克决心把父亲留给自己的这两份报纸作为事业的起点。但在当时，《新闻报》和《星期日邮报》这两份报纸并不赚钱。思路清晰的默多克清楚地知道读者要看的是什么，而且性格直率果断的他对于认定的事情会毫不犹豫地去做，于是他对报纸进行了一次彻底改革，新报纸出版后立即受到读者的欢迎。

自己经营的报纸虽然获得了成功，但年轻的默多克决定将自己的事业做得更大。恰在此时，他了解到珀斯市的《星期日时报》经营不善，濒临倒闭，便决定兼并它。最后默多克筹措了40万美元兼并了这家报纸。默多克的一位朋友感慨地说："他总是能够利用别人口袋里的钱把事办成。"占领了阿德莱德、珀斯后，他又继续寻找新的目标，他把眼光又投向了悉尼。当时悉尼的报业已经被3个集团瓜分，费尔法克斯控制着《先驱早报》和《太阳晚报》，帕克公司掌握着《每日电讯报》和《星期日电讯报》，诺顿经营着《镜报》。

由于《镜报》经营不善，诺顿把它卖给了费尔法克斯，但费尔法克斯仍无法把它办好，这时默多克用400万美元从费尔法克斯手中买下了这家报纸。对一个29岁的年轻人来说，400万绝不是一个小数目，但是默多克决心以英国的《每日镜报》为榜样，办好这个报纸。他的决心加上努力，竟真的将《镜报》办得红红火火。

默多克最大的愿望就是创办一份全国性的报纸。其实，创办一份成功的全国性报纸，是大多数办报人心目中都有的一个梦想。默多克断定，一份客观公正的全国性报纸一定会获得成功，它将会是《纽约时报》和《华尔街日报》的一种混合体。于是，正当《镜报》的地位巩固下来后，他全力以赴地投入到新的事业中去，经过不懈努力，1964年澳大利亚的第一份全国性报纸——《澳大利亚人报》诞生了。

许多人认为《澳大利亚人报》是默多克的另一面，因为这张刊载金融和政治事务的日报同那些通俗的大众化小报形成了截然不同的两种风格。但事实上，这张报纸亏损严重，为了荣誉和理想，默多克一直坚持下去。15年之后，《澳大利亚人报》才开始盈利。

## 马上试一试

　　无论目标是大是小，如果不愿意付出行动，永远都难以实现。人生短暂，不能将已经确定的目标视为儿戏，在制定目标后，坚持去实现的同时还要完善果断的性格，因为只有这样才能及时地实现目标、展现自我价值。

# 3. 果断决策，以快制快占先机

性格果断的人，行事不会拖泥带水。敏锐地做出判断后，迅速出击，让对手措手不及，这种性格的人可以说是执行力最强的人。

在中国历史上，抓住机会，果敢行事的人物数不胜数，他们的成功事例读来引人入胜。在《三国演义》第九十四回中"司马懿克日擒孟达"，就是典型的一例。

当时孔明兵出祁山，连战连捷，所向披靡，造成关中的紧张局势。魏主曹睿不得不"御驾亲征"，率军前往长安，抗拒蜀军。那时，出任新城太守的原蜀军降将孟达，由于既没有被曹睿重用，又被"朝中多人嫉妒"。所以便想乘曹魏后方空虚之际，举兵谋反，直取洛阳再归降诸葛亮。

孟达此举若能成功，必将会与诸葛亮形成对曹魏前后夹击的战略攻势，陷曹魏于完全不利的境地。与此同时，曹睿为了抗蜀的需要，重新起用正在宛城的司马懿。

孟达谋反的消息，被即将去长安的司马懿得知了，在这危急时刻，他自作主张当机立断，一方面令大军向新城进发，并传令"一日要行二日之路，如迟立斩"。另一方面，他又派参军梁畿赍乘轻骑星夜先一步赶往新城，"教孟达等准备征进，使其不疑"，并制造司马懿大军已"离宛城，往长安去了"的假情报。孟达果然中计，丝毫未加防范。结果几天之后，司马懿率大军突然出现在新城城下，以迅雷不及掩耳之势，一举平定了这场预谋的叛乱。

战争史表明：军事上取得很大效果的战役多是在敌人失去戒备或料想不到的时间、地点实施突然袭击取得的。司马懿克日擒孟达一战，充分证明了这一点，给后人留下了宝贵的启示。

要想实现出其不意、攻其不备的策略，首先必须要想方设法隐蔽作战企图。袭击孟达一战，司马懿在这方面干得十分漂亮。当他得知孟达企图谋反的消息后，采取了一系列欺骗麻痹的手段，使孟达自以为得计，疏于戒备，为达成战斗的突然性创造了条件。

如果想为突袭行动争取到极为宝贵的时间，就必须做到根据敌情果断灵活地实施指挥。稍有军事常识的人都清楚，行动神速是实现出其不意的重要条件。但对一支军队来说，神速的行动，并不单单表现在部队的行动能力上，更重要的还体现在军事指挥员当机立断的决策水平上。

当时司马懿刚刚被起用，身在宛城并非朝中之臣。按照规矩，采取如此重大的军事行动，必须"写表申奏天子"，待奏准后才可行事。

孟达也有如此的想法，他认为"若司马懿闻达举事，须表奏魏主"，来回要费去月余时日，这就可以使自己从容地做好迎敌准备。但性格果敢、聪慧的司马懿怎会错过这一机会，他深知"将在外，君命有所不受"的道理，在事关安危的决策问题上，敢于先斩后奏，果断地采取了行动。

结果，使原先企图乘虚直袭洛阳的孟达，反被司马懿这一突然袭击打得昏头转向。这一仗，真可谓是以快制快、先机破敌的典型战例，体现出在关键时刻，军事指挥员随机应变、决断行事的重要价值。

试想，如果孟达不优柔寡断，不抱有一时的侥幸心理，同司马懿一样果断做出抉择，先行攻打洛阳，可能就不会有这次的惨败了。

### 马上试一试

读古看今，成就大业的人，都是那些具备果敢决断能力的人。不管是经商、从政、治学……都要养成当机立断的性格。

# 4. 当断必断，别让机会错过你

香港实业家李嘉诚的果敢性格是不容怀疑的。不仅如此，他还有极其敏锐的观察力和判断力。早年间随着形势的不断变化，他进行了深入细致的分析，做出了"转轨"的决定，这一决定让他成了举世瞩目的"塑胶花大王"。

在塑胶桶与镀锌铁桶之战中，让李嘉诚认识到塑胶制品将必然大行于市。性格果敢的他，凭借着对生活的观察和思考，果断地作出了转行的抉择，从而造就了一个全新的自己。

　　李嘉诚还在五金厂做推销员的时候，有一次在酒店推销铁桶的时候，一家塑胶公司的老板也在酒店推销塑胶桶，李嘉诚想尽各种办法与对方展开争夺，但塑胶桶没费力就获胜了。这次的落败，使李嘉诚猛然惊醒，他预感到了镀锌铁桶的穷途末路以及塑胶制品的蒸蒸日上。

　　晚上，李嘉诚辗转难眠，他认真地分析了当时的形势。塑胶工业在20世纪40年代中叶兴起于欧美发达国家，在世界范围来讲，都属于新兴的产业。李嘉诚分析其特性，塑胶制品易成型、质量轻、色彩丰富、美观适用，还是木质和金属制品的替代物，发展潜力巨大。

　　于是，李嘉诚开始着手调查价格行情，他发现塑胶制品以其昂贵的价格作为富人阶层的奢侈品只是极短的时间。一来价廉，二来物美。有这两条，塑胶制品大行其道势在必行。没有再犹豫，李嘉诚毅然决定加盟塑胶公司，进入一派生机的塑胶行业。

　　李嘉诚这一果断决策，奠定了他成为全世界"塑胶花大王"的基础。人的一生都会有这样或那样的机遇，一旦出现，就应该果断而行，李嘉诚便是这样的一个人。他善于抢占商机，当发现"塑胶花"的信息时，便预示到了其无限的发展前景，遂不惜代价开辟了新的产业。

　　当时，李嘉诚所生产的塑胶产品在国际市场上已经趋于饱和状态了。要想继续生存和发展，他必须重新选择一种能救活企业、在国际市场中具有竞争力的产品，实现他塑胶厂的"转轨"。

　　一天，当李嘉诚仍像平日一样随手翻阅着一些杂志时，他阅读了一篇最新英文版《塑胶》杂志，发现在上面刊登了一项有关意大利一家公司用塑胶原料设计制造的塑胶花即将倾销欧美市场的消息。

　　读完了那则消息，李嘉诚马上想到了和平时期过着平静生活的人们，在物质生活有了一定保障之后，必定在精神生活上有更高的要求。种植花卉等植物，不但每天要浇水、除草，而且花期短，当时人们的主要精力都用在了抓紧时间工作上，根本没有过多的时间去照料花卉。如果大量生产塑胶花，则可以达到既价廉又物美，大大地方便人们的目的。想到这儿，李嘉诚自信地预测：一个塑胶花的黄金时代即将来临。

　　1957年，李嘉诚带着企业复活的希望踏上了学习塑胶花制造技术的征途。

李嘉诚深知生意人对于刚面世的新产品是十分重视的，而且在技术上也会保密，不会轻易地让人学去。所以，他不断以购货商、推销员等身份，有时不惜打短工，千方百计地搜集点滴有关塑胶花制作的技术资料。与此同时，李嘉诚又购置了大量在款式、色泽上各具特色的塑胶花品种带回香港，花费重金聘请香港及海外的塑胶专业人才，对这些购回的塑胶花品种进行研究。另一方面，他一边进行市场调查，一边了解国际市场的发展动态，以便找出最受欢迎的塑胶花品种进行大规模生产。

李嘉诚决定出手生产，开始了他的一系列别具新意的"转轨"行动：生产既便宜又逼真的塑胶花。在当时的香港，塑胶花还是个"冷门"。李嘉诚通过各方面进行促销和广告活动，塑胶花开始引人注目，渐渐地香港市民开始接受。"长江塑胶厂"的名字开始为人们所熟悉。重新开出一条道路的李嘉诚，在度过危机之后，便走上了稳定发展的道路。在以后的日子里，李嘉诚领导长江工业公司迎来了香港塑胶花制造业最为辉煌的时期。欧美各国对塑胶花的需求量更大了，即便是普通家庭也渐渐养成了插花的习惯。

李嘉诚也充分利用这段鼎盛时期，不断推出新产品。他以高薪招聘塑胶专业人才，研制出欧美用户最感兴趣的接近天然花的喷色塑胶花，以及具有中国传统特色的中国特种花，几经努力顺利地打入了欧美市场。李嘉诚利用长江工业公司高品质的塑胶花产品，全方位地争取到了海外商家的长期合作，使他的业务迅速增长。

当断则断，抓住商机，赢得市场的李嘉诚不惜一切，投资生产，最终实现了企业的转轨，为他带来了数以千万港元计的利润，同时自己也成就了影响世界的"塑胶花大王"的美誉。

### ❧ 马上试一试 ❧

谨慎稳重与优柔寡断是两回事，制定计划时要谨慎稳重，行动时不要优柔寡断。优柔寡断的性格害人害己，果断出击才能创造奇迹。

# 5. 决策有魄力，做事要果断

在这个世界上，有才智的人很多，但并不是每个有才智的人都能够有所建树，原因之一就是他们的性格有所不同。性格果敢的人，做事干练、有魄力，绝不拖泥带水。这种人办事的成功概率大大高于那些拖沓、优柔寡断的人。

中国近代著名的金融家陈子铭是一位活跃于金融界和政界的两栖风云人物。早年留学法国，加入同盟会，他对政治抱有极浓厚的兴趣，以至于在进入法国高等商业学校学习经济之后，还把主要的精力放在政治活动上。

陈子铭天资聪颖，尽管他的重心在政治上，但他仍然以优异的成绩获得了清王朝赐予的商科进士，出任大清银行总行财务科副科长、陕西分行总监等职。辛亥革命的爆发彻底葬送了清朝政府。覆巢之下，焉有完卵。清朝的灭亡直接导致了大清银行的倒闭，它在各地的分行均告停业，无奈之下，陈子铭只好离开陕西到上海。此时一个机会降临了。南京临时政府成立后，在上海的一批大清银行商股持有者发起组织商股维持会，呈请南京临时政府财政部整理大清银行，提出了具体改组办法，要求成立中国银行。由于有同盟会会员这一层关系，陈子铭由此因祸得福，躲过一劫，很快便被南京临时政府任命为监督，负责中国银行的筹备工作。翌年4月，他又受新任财政总长刘深民之命，负责筹备中国银行开办事宜。

经过认真的调查，陈子铭很快就制定出了一个可行性非常强的计划。同年3月9日，总部设在北京的中国银行总行正式开办。5个月后，中国银行上海分行也正式开业。但由于在中国银行购股权的问题上他与新任的财政总长莫齐森发生了龃龉，两人的意见有巨大的分歧，并且相互之间都不肯迁就，胳膊拧不过大腿，他只好放弃，另谋高就。

陈子铭绝非轻言失败之人，他很快就找到了新的靠山，加入了梁启超领导的进步党，并担任进步党政务部财政科主任。凭着这层关系，当梁启超任币制局总裁时，陈子铭当上了上海造币厂监督。1916年年初，他主持的上海造币厂开始铸造银辅币，先在直隶投入流通，后又推广到山东、河南等省。因铸币手续完备，发行机关统一，新发行的这种银辅币没有跌价的后顾之忧。

1918年5月，陈子铭又按照新颁布的国币条例加铸了2分和6厘的两种铜辅币，他发现，在铸造这两种辅币过程中，即使银辅币的成色不是银的或铜的也可以流通，而用来铸造铜币的铜价涨落不定，在这一起一伏之间就大有文章可做，完全可以从中牟利。意识到这是一个发财的好机会，陈子铭岂肯放过。他不失时机地利用铸造辅币时的差价，牟取暴利，一下子就发一大笔横财，为他后来参加创办银行积累了必需的金钱。

陈子铭是一个善于在不同环境下创造机会的人，他之所以图谋向政界发展，为的就是能够找到一个有用的靠山，为自己以后在金融界的发展打下坚实的基础，因此，他努力与一些权贵政要拉上关系，很快就结识了皖系军阀段祺瑞所依靠的"小诸葛"徐树铮。政治地位的上升，又直接影响了他在金融界的地位。1919年8月，周秀林与牛邙用等人在天津创办金城银行，陈子铭作为发起人之一，投资5万元，成为第6大股东。由于他担任过大清银行、中国银行总监，就顺水推舟地被董事会选举为董事。

令陈子铭在金融界发迹的契机，却是此时盐业银行的困境。盐业银行是1915年3月由袁世凯的表弟许德苗创办的，因拥袁称帝，被列为恢复帝制的"七凶"之一。1916年9月初，盐业银行主要股东张勋拥立溥仪复辟，许德苗又出资35万元支持张勋，所以当复辟失败后，盐业银行经理许德苗被作为复辟同党逮捕，一下子使盐业银行群龙无首，处于一片混乱之中。银行的上层人物紧急商讨，决定由股东推举新的总经理。

1916年8月20日，盐业银行总管理处向京沪各大股东发函，限期三天之内以信函的方式来推选银行总经理，总经理要以信函中得票数最多的人来担任。接到紧急通知后，股东们立即把一封封信函寄到盐业银行总管理处。就这样，陈子铭依靠皖系军阀和他当时在金融界的名声、威望，走马上任，担任了盐业银行总经理，开始了他金融生涯的新起点。

陈子铭一直有一个梦想，那就是要创设一家真正股份制商业银行，因此当他担任盐业银行总经理一职之后，便立即充实股本，他利用与商业银行协理薛凤九、金城银行总经理李受民和华南银行总经理屠红礼之间的私人关系，从他们三人那里先后拉到了50万元作为股本，并规定要在公开的账面上一定要达到股本总数的1/5的数目，如果做到这些，就足以扩大银行在社会上的影响。

陈子铭的银行由于经营有方，仅仅用了2年时间，便将400万元的股本统统收齐。这不能不说是一个奇迹。在扩股方式上，陈子铭不因袭旧法，敢为天下先，他一反过去银行界的习惯做法，制订了自由缴股、十年扩股的办法。具体做法是：让持有股权的股东可以年缴1/8，这种做法相当灵活，它甚至允许股东分数次缴纳股款，每年续收股本。

这种新方式的好处就在于它弹性的收费机制，它一方面使那些有实力的股东先行缴付；另一方面，又可使力量不足者缓缴，两者都很好地维护了股东的权利，同时又不致使银行股本骤增从而加重银行付息。这种扩股办法的精明之处在于它能使股东和银行均能够获得好处，为以后的发展奠定了扎实的基础。

陈子铭以其卓越的才华和果断的行动，为北方金融界所瞩目。经过他的苦心经营，盐业银行已由原本名不见经传的一家军阀官僚开办的银行发展成为北方金融界的一方重镇。

陈子铭的成功是必然的，能走到这一步正是因为他在果敢性格的驱使下，在政治的庇护下，发挥了自己的魄力和才智，为自己的事业创造了一次又一次的良机，最终成为一名令人刮目相看的金融家。

🌸 马上试一试 🌸

　　优柔寡断、拖拖拉拉难成大事，既然想好了，就果断地决策，迅速地执行。

# 6. 踟蹰难有突破，果敢创造奇迹

现实在此岸，理想在彼岸，唯有性格果断的人，才能用行动架起稳固的桥梁，渡过湍急的河流，到达理想的对岸。

凡人都企盼奇迹发生在自己身上，比如一夜暴富、一举成名、一鸣惊人等等。不过，这种企盼多数是在梦中实现的。欲成大事者则不同，他们不愿意用幻想来麻醉自己，因为他们知道人总会清醒的，幻想过后要面对的是幻想与现实间的巨大落差带来的巨大痛苦。与其如此，不如将承受巨大痛苦的时间和精力付诸行动，用行动来创造奇迹。

奇迹随时都可以发生在你身上，只要你采取了有效的行动。在行动的过程中，量变渐渐引起质变，而每一次质变都将是你人生的一次飞跃。当这种飞跃不断持续下去时，奇迹便会发生。要知道，第一个大学生的老师一定不是大学生，第一个科学家的老师也绝不是科学家。只要敢于付出行动，你就能够成为某方面的第一，成为一个切切实实的先例。

世界闻名的飞机大王霍华德·休斯，于1905年12月24日出生在美国休斯顿，其父亲是位石油投机商。16岁时，他的母亲因一次医疗事故不幸去世。更为不幸的是，两年之后他的父亲死于心脏病。年仅18岁的霍华德·休斯继承了父亲75万美元的资产，成为休斯公司的董事长，开始了单枪匹马闯天下的生活。

年轻的霍华德·休斯对电影拍摄很感兴趣，然而最初踏入电影界时并不顺利。不过，执着的休斯对电影并没有失去兴趣，而是在不停地寻找机会。

霍华德·休斯酷爱驾驶飞机。一次当驾驶着飞机在空中翱翔时，他突发奇想：拍一部表现空战的片子是不是会受到欢迎？他想到1918年第一次世界大战中，英国空军中校达宁率领数架索匹兹骆驼号战斗机从战舰上起飞，任务是轰炸德军东得伦空军基地。那是一次极为成功的越洋轰炸，英军只损失1架飞机，而德军的两艘军舰和两只飞艇都被击沉。休斯非常果断，决定将这次空战搬上银幕。为了取得最佳的影视效果，他准备用真正的飞机拍一部比实战更刺激更壮观的空中大战片，片名暂定为《地狱天使》。

霍华德·休斯立即行动起来，不惜花费210万美元租用了数十架飞机，其中包括著名的骆驼号轰炸机、德国的佛克战斗机、法国的斯巴达战斗机、英国的SE5战斗机，邀请了一百多名优秀的飞行员，雇用了2000名临时演员，聘请的摄影师人数几乎占好莱坞摄影师总数的一半。影片的演员阵容空前强大，整个美国电影界都为之震惊。结果，《地狱天使》取得了巨大的成功。

霍华德·休斯是一个用果敢行动创造奇迹的人，他知道如果踟蹰、犹豫就永远站在原地，他没有满足于坐在飞机上对鼓舞人心的轰炸场面的幻想，而是继续前行，将其成功地搬上了银屏。除此之外，霍华德·休斯在驾驶飞机方面也向世人展示了奇迹是如何发生的。

对驾驶飞机非常着迷的霍华德·休斯曾参加了一次全美短程飞行比赛，以302公里的时速一举夺冠。然而他并不满足，又确立了更高的目标。1927年，被美国人称为"世纪英雄"的美国飞行员林白驾机飞越大西洋，整个世界为之轰动，霍华德·休斯决定打破林白的世界纪录。考虑到驾驶传统的飞机难以成功，他开始致力于新型飞机的研制。为此，他高薪聘请了两位优秀的飞机设计师：欧提卡克和帕玛。欧提卡克是一位机械工程师，同样热衷于飞行；欧提卡克对制造新型飞机有许多天才的构想，对疯狂追求速度的休斯来说，他们两个人都是不可多得的人才。后来，他们用了一年零三个月的时间，制造出机身长为8米，机翼长为7.6米的Ⅱ型单翼飞机。该飞机造型独特，机身特别短，试飞人员都不敢驾机试飞，而霍华德·休斯却决定亲自试飞。

1935年9月12日，一切工作准备就绪，天色已接近黄昏，负责速度测试的裁判技师建议明天再飞，霍华德·休斯却等不及。他穿上飞行服后便跳进机舱，然后启动了引擎，飞机缓缓飞上了天。

第一次测试速度达到556公里每小时，裁判技师通过无线电告诉他：因为飞机没有做水平飞行，违反航空协会的规则，成绩被迫取消。霍华德·休斯毫不气馁，又做了第二次飞行。

"世界纪录！创造了世界纪录，时速已达566公里。"裁判兴奋地叫喊着。

欣喜若狂的霍华德·休斯没有立刻降落，他还想创造新的世界纪录。第三次试飞只有542公里，霍华德·休斯不甘心，再飞一次！奇迹出现了，"567公里"。休斯又创造了一个新的世界纪录。不过，霍华德·休斯并没有止步。

为了挑战环球飞行纪录，霍华德·休斯选用并改进了洛克希德公司开发的一种可以乘坐12人的伊列克特拉14型飞机。1938年7月10日，休斯与4名机组人员驾驶着改装后的伊列克特拉14型机，从布鲁克林的贝内特机场起飞，经过3天零19小时17分的长途飞行，他们终于环绕地球飞回了出发地。贝内特机场早已聚集了2.5万名观众，他们热烈欢迎胜利归来的世纪英雄休斯。

霍华德·休斯曾亲自设计出一种型号为KⅢ的巨型水上飞机。这种飞机全长97.5米，高15.2米，自重300多吨，两翼安装了8个带有螺旋桨的普拉特·惠特尼2800型引擎，这是有史以来世界上最大的"巨无霸"飞机。

当时，人们对这架巨型飞机能否飞上天空持怀疑态度，而霍华德·休斯却用事实回答了人们的疑问。1948年4月，他亲自驾驶着巨无霸，风驰电掣地在海面上冲刺了一段距离，然后平稳降落，电影摄像机拍下了这个值得永久记忆的历史性镜头。

看到霍华德·休斯的成功后，有人或许会说："奇迹对穷人来说是个奢侈品，它通常只会在富人面前搔首弄姿。"其实，这都是在为自己的优柔寡断找借口，无论是穷人还是富人，如果只在原地幻想都不能创造出奇迹；如果果断地去做，那么石头下的小草也能冲破阻力，迎接阳光。

❀ 马上试一试 ❀

粪土当年万户侯，布衣亦可做天子。也许果断地前行会遇到危险，但是，优柔寡断的人永远无法创造奇迹。

# 7. 想好了就干，闲言碎语不可信

当一个人要做某件事情的时候，总会听到来自各方面的声音。这些声音既有局限于自己认识的说辞，也有出于某些方面需要的考虑。如果你是一个性格优柔寡断的人，那么就可能受到这些言语的影响，迟迟不敢做出决策，这样就可能错过良好的机遇。

在遭受失败和挫折时要把好关，不要让外界的声音使自己再次失败或陷入困境，不能让优柔寡断的性格葬送掉机会。

第二次世界大战之后，美国的经济平稳、快速地发展。大多数美国人也开始利用这一段有利时机大力发展自己的事业。在这种背景下，威尔逊从军队退役回家，在家乡做一些小商品零售业务，但由于经营不得法，生意很不好，在短短的一年中，他已赔掉了十几万美元。

有一天，心情极度沮丧的威尔逊正在孟斐斯市郊区散步。突然，他看到这里有一块荒废的土地，由于地势低洼，既不宜于耕种，也不宜于盖房子，所以无人问津。就在这时，一个绝佳的投资计划在他的头脑中形成了。于是，他连忙向当地土地管理部门打听，看看能否以低价收购这块土地。得到有关部门的肯定答复之后，性格果断的威尔逊立即结束了自己零售商的业务，以低廉的价格买进这块低洼的地皮。

可是，他的所有亲朋好友包括他母亲，都对他买进这样的一块地皮表示怀疑。他们对威尔逊说："我们不了解你这样做的用意究竟何在？"

"我不太会做零售生意，"威尔逊说，"我想再干我的老本行——盖房子。"

"做你老本行我不反对，"他母亲也在一旁插嘴说，"可是，像你这样乱投资，买这块地皮简直是毫无道理。虽说价钱的确很便宜，但一块废弃而毫无价值的土地，再便宜又有什么用呢？况且，那块地皮太大，整个算起来也要不少的钱，利息的负担也是一笔很大的损失。"

"是啊，"威尔逊的太太也在一旁帮腔，"你已经赔掉了十几万了，不能再胡乱冒险，难道我们这么多人的智慧不如你一个人？"

"这不是人多少的问题，亲爱的。"威尔逊笑着说，"因为你们都太不懂这一行生意，所以说的大都是外行话。就像你常跟孩子们说的故事中那个所罗门王一样，他一个人的智慧大，还是大家的智慧大？"

"你又要讲歪理了。"他太太被他逗乐了，也笑着说，"可惜你不是所罗门王。""在你们当中，谈地皮造房子，我就是所罗门王。"

"反正你决定的事，别人想反对也是白搭。"他母亲接过话头，叹息着说，"你小时候就是这个样子，不知你哪一年才能改改，听听你老婆的话。"

亲友们都起哄般笑了起来，年轻的威尔逊太太羞红了脸，低垂下头。

"我要是不听她的话，她怎么会跟我结婚？"威尔逊打趣地说。

亲友们被他逗得更乐了，在笑声中，一场争执云消雾散。而三年之后，事实证明了威尔逊这次的投资是何等正确。

战后美国经济的繁荣，使孟斐斯市的人口大增，市区也迅速扩大起来。威尔逊买的那块地皮成了城市主干线延伸后的黄金地带，这时候人们才看出此地的环境是那么优美。宽大的密西西比河从它旁边流过，望着那滚滚逝去的流水，再颓丧的人也会被大自然雄奇壮丽的景色激起满腔的雄壮豪迈之情。威尔逊的这块地皮此时已身价百倍，但他并不急于脱手，也未在上面建造房屋，这似乎又是一个令人高深莫测的做法。他的太太实在沉不住气了，私下里问他：

"这块地皮你究竟作何打算？就这样摆在那里也总不是长远之计吧？""我知道。"威尔逊说，"可是，到现在为止，我还没有想出一个适当的利用方式来，因为那地方实在是太美了。"

"为什么不盖公寓楼，然后出售呢？"

"那太可惜了。"威尔逊说。

夫妇之间，最难得的就是这种"超越言语"之外的了解，难怪威尔逊跟他太太的感情会始终融洽无间。因为随着时间的流逝，他们彼此之间已到了心领神会的地步。不久，威尔逊终于在这个地方创办了著名的假日旅馆。

在他看来，住惯了高楼大厦，吃腻了加工食品的城市居民们，大都有厌烦都市生活的心理，因此他们乐于在节假日期间回到大自然的怀抱中，呼吸一些新鲜空气，一面观赏大自然的美丽风光，一面在这青山绿水之间放松自己疲惫的身心。

而在威尔逊的假日饭店中，他为人们所提供的具有浓郁乡土气息的地道的农庄建筑，再加上农家生产的蔬菜、瓜果等食品，都为久居都市的人带来了一股清新的气息。

因此，它一诞生，就受到了人们热烈的欢迎，很快，威尔逊首创的这家假日饭店就发展到相当大的规模，也为他自己带来了巨大的经济利益。威尔逊也实现了他自己的诺言，既方便了他人，又为自己带来了利润。

在瞬息万变的商业市场上，有利的商机随时都可能变为不利的因素，不利的商机也有可能在短时间内变为有利的机遇。关键在于，经营者能否顶住众多的"闲言碎语"。

### 🌸 马上试一试 🌸

闲言碎语是阻碍一个人前行的绊脚石。性格果断的人不在乎它，会果断地踢开它；性格犹豫的人会被它干扰，无法前行。因此，克服它的最好办法是养成果断的性格，别再犹豫。

# 8. 犹豫不决，契机从指尖溜走

在市场竞争中，能够把握契机，就是打了一半的胜仗。性格优柔的人很难把握住契机，因为这种性格的人总是犹豫不决，面对契机瞻前顾后、迟疑不决，机会就在这期间溜走了。

性格优柔寡断的人，即使面临机会，也会因琐事的羁绊而错过；性格果断的人，即使眼前没有机会，也会积极地去创造、去寻找，一旦得到机会就紧紧地抓住，绝不拖泥带水。

委内瑞拉著名的石油大亨拉菲勒·杜戴拉是一个白手起家的富豪，在不到20年的时间里创建了10亿美元的产业。他能够成功的原因有很多，但最主要的一点是：他能够果断地把握契机，扩展事业。

在20世纪60年代，杜戴拉已经拥有了一家玻璃制造公司，但他对此并不满足，一直渴望能进入石油行业。为此他不断地搜寻契机，当得知阿根廷准备在市场上买3000万美元的丁二烯油气时，他认为机遇来临了，不能错过。于是，杜戴拉来到阿根廷，想看看能否获得合约。但是当他到那时，才发现自己的竞争对手竟然是实力雄厚的英国石油公司和壳牌石油公司。虽然知道与实力强大的对手竞争很难获胜，但他并不愿意就此善罢甘休，于是他积极地奔走寻找制胜"法宝"。终于，他了解到阿根廷牛肉生产过剩，感到这是一个难得的机会，他形成了自己的计划。

杜戴拉找到了阿根廷政府人员说："如果你们愿意向我买3000万美元的丁二烯，我将向你们采购3000万美元的牛肉。"当时阿根廷政府正在为牛肉的事情而苦恼，听了杜戴拉提出的条件后，非常满意，于是决定和他做这笔"交易"。

杜戴拉得到阿根廷政府的许诺后，迅速飞到西班牙，那里的造船厂因无活可接而濒临倒闭，西班牙政府却一直没有解决。杜戴拉对西班牙政府人员说："如果你们向我买3000万美元的牛肉，我就在你们的制造厂订造3000万美元的油轮。"然后，杜戴拉又马不停蹄地飞到了美国的费城，这是他最后的关键一次谈判，杜戴拉做了详细的准备。他对太阳石油公司的经理说："如果你们愿意租用我在西班牙建造的3000万美元的油轮，我将向你们购买3000万美元的丁二烯油气。"太阳石油公司没有提出异议就同意了。杜戴拉以此为契机，顺藤摸瓜地进入了石油行。

杜戴拉的成功看似有些偶然，实则是因为他能紧紧抓住稍纵即逝的机会所致。他能够果断地实行自己的计划，不浪费一分钟的时间和一点点的机会。

美国实业家亚默尔同样是一个果断性格的人，他一样会把握契机。

一天，亚默尔像往常一样在办公室里看报纸，一条条的小标题从他的眼中溜过去。突然，他的眼睛发出了光芒，他看到了一条几十字的时讯：墨西哥可能出现了猪瘟。

他立即想到：如果墨西哥出现猪瘟，就一定会从加利福尼亚、得克萨斯州传入美国，一旦这两个州出现猪瘟，肉价就会飞快上涨，因为这两个州是美国肉食生产的主要基地。想到此处他内心非常兴奋，立即拨通了家庭医生的电话，问他是不是要去墨西哥旅行。家庭医生一时间弄不清什么意思，满脑子的雾水，不知怎么回答。亚默尔只简单地说了几句，就又对他的家庭医生说："请你马上到野餐的地方来，我有要事与你商议。"

那天正好是周末，亚默尔已经与妻子约好，一起到郊外去野餐，所以，他把家庭医生约到了他们举行野餐的地方。

亚默尔与他的妻子和他的家庭医生很快聚集在一起了，他满脑子都是这个消息，对野餐已经失去了兴趣。他最后说服他的家庭医生，请他马上去一趟墨西哥，证实一下那里是不是真的出现了猪瘟。医生立即飞往墨西哥，很快证实了墨西哥发生猪瘟的消息，亚默尔当即动用自己的全部资金大量收购加利福尼亚州和得克萨斯州的肉牛和生猪，并运往美国东部的几个州。

亚默尔的预料是正确的，瘟疫很快蔓延到了美国西部的几个州，美国政府的有关部门下令禁止加利福尼亚、得克萨斯州的肉食品外运。一时间，美国国内市场肉类产品奇缺，价格迅速猛涨。亚默尔乘机把自己准备好的肉牛和生猪投放市场，狠狠地发了一笔大财。在短短的几个月时间内，就足足赚了100多万美元。

为什么亚默尔能够成功？原因其实很简单，就是因为他比别人更能准确地把握契机，面对商机，果断出击、决不犹豫。

无论是在生活还是商场中，人都应该完善果断的性格，因为优柔寡断的性格总是会让人行事拖泥带水，瞻前顾后，这样与成大事的距离就会越拉越大。

# 9. 以快打慢，犹豫不决不可行

兵贵神速，遇到机会时，只有快速出手的人，才会多一分取胜的把握。一个性格果断、勇敢的人，可以既准确又快速地做出判断，并且付诸行动，这样就不会坐失良机，从而把握了做事成功的主动权。

对于一个想要取得成功的人来说，最大的敌人就是犹豫不决。犹豫不决是心灵的腐蚀剂，是行动的绊脚石。性格果断者绝不会在优柔寡断中浪费掉宝贵的机会，他们是敢于同时间赛跑的强者，在转瞬即逝的机会面前，总能以迅雷不及掩耳之势，高效、快速地把事情做成功。

有些人踌躇满志，决心成功地做出一番事业，可是，经过努力后，成功还是遥不可及，究其原因，就是在于做事缺乏迅速和准确的特性。

有人说过："感叹是弱者的习气，行动是强者的性格。"其实在当今这个瞬息万变的时代，唯有那些有独创性、肯研究问题、善经营管理、有果断决策的人才能够成就大事。

犹豫不决的人不可能成就大业。在做事过程中，在某些事情上有所犹豫时，便习惯性地把问题搁置在一边，等待以后有时间再去解决。这无疑会影响做事的步伐，即使雄心万丈，也不可能走向成功，这样终其一生都只能在瞻前顾后中度过。

人都会犯错误，但如果能够从错误中吸取教训，积累经验，那么在下一次行动中就不会再犯同样的错误了。性格优柔寡断的人往往害怕犯错误，因此，在解决问题时总想留有余地，结果只会一事无成。相反，性格果断的人就宁可因为果断而犯下错误，也不会因为自己的优柔寡断而错失任何机会。

世间众人皆有犹豫不决的时候，犹豫不决会影响人的判断力，当一个人认为自己的决定是可以伸缩的，不到最后一刻还要重新考虑的时候，那他永远也无法形成正确的判断力；犹豫不决还影响人的意志力，阻挠人们制胜的决心，如果能够克服这种性格，完善果断性格，那么做事就会有魄力，有主动性，行动当然也就迅速了，这样成功的把握就会大增。

在拳击台上，彼特与基恩正为拳王荣誉而战。最后，基恩胜利，意气风发；彼特失败，垂头丧气。在戴上金腰带时，基恩说了一句"至理名言"："作为拳手，最忌讳的是优柔寡断，看准了就要重重打过去是最好的选择。"的确，拳台上没有退路，优柔寡断就相当于给自己带到了死路。

若要做事获得成功，首先应该果断、有行动力，这是成大事者应该具备的素质。即使遇到任何困难与阻力，只要行动迅速，头脑灵活，能够快速地作出准确的判断，积极地付诸行动，获得成功的概率就会加大。

大凡成就大业者都能把握时机，果断出手。他们对应该去做的事情毫不犹豫、毫不怀疑，对自己认准的事情全力以赴，这样就能够让他们做事时驾轻就熟，马到成功。

果断出手者就如工厂里的大机器，一旦运行起来，就不再停下来，不仅力量超强，而且速度敏捷，一些复杂、棘手的问题在他们手中都会迎刃而解。

### 🌸 马上试一试 🌸

犹豫不决，不付诸行动，就会让别人抢先一步，而自己被淘汰出局。成功做事必须遵循"以快打慢"的原则，让自己永远做最快的那一个，这样主动权才会永远掌握在自己的手中，这一点优柔寡断者很难做到，所以人们应该多多完善果断的性格。

## 第五章 遇事沉着冷静，人在乱中最易头脑发昏

——改变心浮气躁的性格

有句话说得好："办法总比困难多。"毕竟，思维的力量是无穷的。在遇到困难时，只要能够转动大脑，思路就会逐渐清晰，困难将会由大变小，由小变无。不过，要想让思维活跃起来，必须要以沉稳的性格为前提。因为只有具备了这种性格，才会在遇到困难时冷静地分析眼前的局势，多方突破，稳中求胜。

# 1. 不浮不躁，掌握命运

自古以来，凡是成功者大多沉稳老练，他们很少因外界的事物亦喜亦忧，即使遇到"惊涛骇浪"，也依然可以保持"泰山崩于前而色不变"的冷静之态。

清太宗皇太极就是一个性格沉着冷静的人，这也许是特殊的家庭环境所致。每当他遇到明争暗斗的事情时总能不慌不乱、泰然处之，即使遇到非常棘手的问题，也能在经过缜密的思考后，做出周密的决策，其父努尔哈赤非常喜欢他这种性格，因此对他非常信任。

皇太极出生于明万历二十年，据清代官书记载，太极音同台吉，台吉前有黄、红等颜色覆盖。而汉族把皇位继承人叫作皇太子，也同皇太极音相似。所以说，皇太极应该是一个非常显贵的名字。

也许是他的生母叶赫那拉氏很受努尔哈赤恩宠的原因，少年时代的皇太极就深受父亲喜爱，所以他的少年生活条件非常优越，受到了良好的文化教育和练就高超的骑射之技，再加上他天资聪慧，善于独立思考，很多东西一学便通，由此他拥有了丰富的知识和卓越的武功，为他成为一代君主创造了条件。

皇太极少年的时候，正是他的父亲征战四方的时期。皇太极的父亲及兄长都在外征战，他年龄太小不能出征作战，只好在家主持家务。当时，努尔哈赤拥有众多的妻妾、子女、奴仆、财产，而且家事与国事的界限并不十分清楚，两者常相互混杂。面对繁杂的家政，皇太极总是能够把每件事情处理得井井有条。努尔哈赤对他的表现和能力非常满意。

不过，皇太极并非命运的宠儿，在他12岁时，他的母亲便撒手人寰，这给了他极大的打击。他没有同母的兄弟姊妹，政务缠身、不断征战的努尔哈赤又无暇给予他太多的照顾和体贴，可以说这段时间的皇太极是孤苦伶仃。

皇太极上有4个叔父，同辈有兄弟几十个。穆尔哈齐门下有11个堂兄弟，舒尔哈齐门下有9个堂兄弟，阿敏贝勒门下有6位侄子，济尔哈朗贝勒门下有11

位侄子。而且皇太极的7位同父异母的兄长中5位是福晋所出，这5位福晋都是建州人，只有他的生母是叶赫部。在这样的家庭环境里，少年皇太极不得不开始学会摆脱对父母的依赖。生活在孤独的环境中，皇太极遇到过太多的艰难与困苦，这磨炼了他的独立性格与顽强意志，让他学会了勇敢地面对生活。

明万历四十年秋，皇太极首次跟随父兄出征作战，参加了对乌拉部的征伐，这年他已是21岁。在作战的过程中，努尔哈赤命令部下四处焚毁敌人粮草，并不直接与对方短兵相接。皇太极对此不理解，努尔哈赤给他作了个比喻：在砍伐大树的时候，必须用斧子一下一下地砍，才能渐渐把树砍断。对付乌拉部这样的强敌，也要渐渐消耗它，只有将其周围所属羽翼攻取，最后才能灭亡它。

这一策略果然奏效，第二年，努尔哈赤就吞并了乌拉部。这次胜利，使皇太极受益匪浅。在以后独自征战时，他也经常沿用削弱对方旁枝的策略。

努尔哈赤生前为了巩固权位，先逼死胞弟舒尔哈齐，又处死长子褚英。褚英是皇太极的兄长，一员疆场骁将，每临战场总是身先士卒，奋勇杀敌。努尔哈赤也非常赏识他，晚年曾有意培养他作为自己的继位人。但褚英也有致命的弱点，就是心胸狭窄，为人傲慢，拥权自重，经常对自己的兄弟和群臣百般欺凌。皇太极等人忍受不过，把详细情况禀报了努尔哈赤，努尔哈赤听后震怒，下令监禁了褚英，后又将其处死。

褚英失势，为年轻的皇太极提供了一个发展的机会，但他并不喜形于色，依然沉着稳重地做事，并不断受到重用。

万历四十四年，努尔哈赤称汗，在反复考量后，选定皇太极与次子代善、侄子阿敏、五子莽古尔泰为四大贝勒，佐理国家政务。按照规定，四个人按月轮流负责处理机要事务。

在处理军机要务期间，皇太极毫不懈怠，积极参与政务、军事的谋划和决策，成为努尔哈赤的得力助手。皇太极的才能在万历四十六年初露锋芒。当时努尔哈赤为了复仇，公开向明朝宣战，准备进兵攻打抚顺。皇太极巧设计谋，他建议努尔哈赤预先派军卒扮作贩马商人混进城内，然后在夜晚带领大军攻城，发炮为号，里应外合。努尔哈赤非常赞赏他的建议，并决定实施这一策略。结果，打得明军守将措手不及，后金很轻松地攻下了抚顺城。

皇太极在对内辖制和对外征服的过程中能够挫败群雄，是同他挫折长智慧、困厄磨意志的特殊家庭环境和人生经历分不开的，而他不浮不躁的个性也是他发展的重要资本。

### 🌸 马上试一试 🌸

性格决定命运。一个浮躁性格的人必定会为自己的浮躁付出代价，而一个沉稳性格的人自然也会因自己的稳健而得到回报。

# 2. 冲动易变难，沉着难变易

古人说过："一切言动，都要安详；十差九错，只为慌张。"的确，现实生活中就是如此，遇到事情如果能够沉着冷静，那么再难的事情也能迎刃而解，而如果凡事都冲动处之，那么难题只会难上加难。所以，人们还是要不断完善沉稳性格。

冲动是理智的劲敌。如果遇到困难时不能保持冷静，就只能在事后后悔、叹息了。

齐国攻打宋国时，燕昭王派张魁以使臣的身份率领燕国士兵去为齐国助阵，齐王却将张魁杀死。燕昭王知道后火冒三丈，认为齐国在恩将仇报，于是要派兵攻打齐国，给张魁报仇。

大臣凡繇进谏说："以前我认为大王是贤德的君主，因此愿意做您的臣子。现在我才知道自己看错了人。"燕昭王说："您为什么这样说呢？"凡繇回答说："以前天下大乱时，先君被齐国俘虏，您知道难以与齐国抗衡，于是忍住痛苦和耻辱向齐国称臣。而今张魁被杀，您明知以燕国的实力仍然难以与齐国抗衡却要冒险采取行动，难道张魁比先君还重要吗？"

听了凡繇的话后，燕昭王不再冲动。后来，他依照凡繇的建议另派使臣前去齐国谢罪，从而保全了燕国的利益。

在与人交往的过程中，同样不能冲动急躁。因为急躁时常常会出言不逊，伤害他人。

一天，一对情侣在咖啡馆里为一些小事发生了口角。双方互不相让，男孩愤然离去，剩下女孩在咖啡店里独自垂泪。

心烦意乱的女孩不停地搅动着面前那杯柠檬茶，将杯中未去皮的新鲜柠檬片捣得烂烂的，喝起来自然有一股苦涩的味道。

为了泄愤，女孩叫来服务人员，要求更换一杯去皮柠檬泡成的茶。服务员将女孩子的浮躁情绪全部看在眼里，可是他并没有说什么，只是按照她的要求做。不过，茶里的柠檬仍然是带皮的。女孩见状，更加恼火。她又叫来服务员，似乎欲将满腔的愤怒全部发泄在服务员的身上："我跟你说过了，我要去过皮的柠檬茶，难道你没听到吗？"服务员静静地看着女孩，依然没有说话，似乎有意充当女孩的"出气筒"。当女孩发完牢骚后，他有礼貌地对女孩说："小姐，请不要着急。你可能有所不知，带皮的柠檬经过充分浸泡之后才能形成一种清爽的味道。急于求成什么事都办不成，包括品茶。如果您想在3分钟之内把柠檬的香味全部挤压出来，那样只会把茶搅得很浑，把事情弄得更加糟糕。"

听了服务员的话后，女孩似乎明白了什么。她抬头看着服务员，然后心平气和地问："那么，要等多长时间才能把柠檬的香味发挥到极致呢？"服务员笑着告诉女孩说："12个小时以后，柠檬中的精华就会全部释放出来，那时你就可以品尝到一杯美味的柠檬茶。"

服务员停了停，然后继续说道："其实处理生活中的琐事和泡茶的道理如出一辙，只要你肯付出12个小时的忍耐和等待，你会发现，那些令你烦躁的事情并不像你想象的那样糟糕。"见女孩一脸的懵懂，他微笑着解释道："我是想教你泡制一杯味道鲜美的柠檬茶，顺便和你讨论一下如何做人。"

回到家后，女孩按照服务员的方法动手泡制柠檬茶。她把带皮的柠檬切成小圆薄片，放进茶里，然后静静地观望着柠檬片在杯中的变化。随着时间的推移，她发现它们开始慢慢地张开，柠檬皮的表层好像凝结着许多晶莹细密的水珠。刹那间，她体会到了柠檬茶的真正含义。

正当女孩深思时，门铃响了。开门后，只见男孩手捧一大束娇艳欲滴的玫瑰花。他站在女孩面前温柔地说："还能再给我一次机会吗？"女孩没说话，只是用清澈的眼睛望着男孩，然后把他拉进房中，在他面前放了一杯她亲手泡制的柠檬茶。

男孩端起杯子欲饮，却被女孩阻止了。男孩不解地望着女孩，女孩神秘地告诉他12个小时以后才可以喝。男孩更加困惑了，不解地问："为什么非要等那么久呢？"

女孩解释说："我们都太过于冲动了，遇到问题时总是不能冷静地思考，所以一直被冲动的想法控制着行为。如果我们可以灵活一点，好好地利用一下时间，让自己冷静下来，会发现其实没有什么大不了的事。咱们订个协定吧，以后，不管遇到多少烦恼，都不许发脾气，切勿让急躁的情绪钻空子。"男孩赞同地点了点头。

性格冲动、急躁的人不仅会出言不逊，有时候还会采取一些过激的行为。殊不知，这种做法是非常不理智的。因为，人们只会屈服于真理，而不会屈服于拳头。

1915年，洛克菲勒还是科罗拉多州一个不起眼的小人物。当时，美国工业史上事态最严重的罢工发起并持续达两年之久。愤怒的矿工要求科罗拉多燃料钢铁公司提高薪水，洛克菲勒正在这家公司做管理工作。由于群情激愤，公司的财产遭受破坏。由于军队的镇压，流血事件发生了，不少罢工工人被射杀。

就在民怨沸腾的情况下，洛克菲勒却赢得了罢工者的信服。他是怎么做到的呢？

首先，他抛开镇压手段，花费了几个星期去与罢工工人交朋友，然后向罢工代表发表一次演说。那次演说不但平息了众怒，还为他自己赢得了不少赞赏。他演说的内容是这样的：

"这是我一生当中最值得纪念的日子，因为这是我第一次有幸能和这家大公司的员工代表见面，当然还有公司行政人员和管理人员。我可以告诉你们，我很高兴站在这里。在有生之年，我都不会忘记这次聚会。假如这次聚会提早两个星期举行，那么对你们来说，我只是个陌生人，我也只认得少数几张面孔。自上个星期，我有机会拜访附近整个南区矿场的营地，私下和大部分代表交谈过。我拜访过你们的家庭，与你们的家人见面，因而现在我不算是陌生人，可以说是朋友了。基于这份互助的友谊，我很高兴有这个机会和大家讨论我们的共同利益。"

有人曾经做过这样一个实验：

糊两条长约70厘米、头尾开口的纸龙，从龙头将几只蝗虫放在一条纸龙中，将几只与蝗虫同样大小的青虫放在另一条纸龙中，并将龙口封上。结果发现，蝗虫在纸龙里不断挣扎，到最后全部死在里面；青虫则安静地从龙尾爬了出来。

论优势，青虫远远劣于蝗虫，因为蝗虫的咀嚼式口器足以咬断纸龙，强有力的后足足以蹬破纸龙。然而，结果却恰恰相反，没有任何优势的青虫因为冷静找到了出口，安然无恙地爬出纸龙；而"武器"齐全的蝗虫却因急躁挣扎致死。

从这个实验可以看出，急躁足以坏事。如果不能改善急躁性格，在问题面前，就不能够冷静地思考，自然难以找到问题的突破口。这样不但不能解决问题，而且还会浪费自己的时间和精力，甚至更多的东西。

#### 马上试一试

性格冲动急躁的人，在遇到问题时不妨在心中默数十下。当冷静下来时再思考对策，就会发现：事情并没有想象中的那么糟糕，困难并不是想象中那样无法逾越。

# 3. 遇事沉着，该出手时再出手

"该出手时就出手，风风火火闯九州"，其结果显然是谋划不足，勇气过盛。做大事仅有勇敢的性格还不够，还要有冷静的性格。凡事冷静地考虑周全了再去做，才不至于出现失误，前功尽弃。

李世民出生在隋文帝开皇十八年，是我国历史上最有作为的皇帝之一。他协助父亲李渊推翻隋朝，建立了唐朝。

李世民从小就聪明敏捷，胆识过人。李世民的父亲李渊是隋朝的大将，被封为唐公。作为显赫家族之后，李世民从小就受到了家庭文武习俗的熏陶。因此，青年时代的李世民不仅具备丰富的文化知识，而且还练就了一身武艺。李世民对《孙子兵法》颇有研究，经常用孙子之言与父亲李渊讨论用兵布阵的策略，由此深得其父的喜爱。

由于家世的关系，青少年时代的李世民经常随着父亲职务的不断调动而迁徙，虽然生活居无定所，但也给他提供了一个了解社会的机遇。多次迁徙让他见多识广，眼界开阔，同时也磨炼出他遇事不慌的沉稳性格。

后李世民为唐朝的建立和巩固立下了汗马功劳，在朝中树立了极高的威望，势力越来越大。

唐朝建立初年，李世民父子面前的首要任务就是消灭群雄，统一国家，巩固政权。由于李渊称帝后不便再出征作战，皇太子李建成也需要留在京城协助李渊处理国家政务。鉴于李世民的作战经验，李渊决定将指挥和领导统一战争的重任交给他。

当时强大的军阀势力和农民军势力有薛举、刘武周、王世充、窦建德等，他们割据一方，手握重兵，因此统一的任务非常艰巨。年仅22岁的李世民，率领千军万马，开始了历时四年多的艰苦卓绝的统一战争。

在统一战争中，王世充和窦建德是两支非常强大的力量。面对强敌，李世民正确地判断了军事形势，衡量了自己的军事实力，知己知彼，迅速扩大了战役范围，最终一举战败了王世充、窦建德两支劲旅，从而使关东地区的统一进程大大加速。在这次对王世充和窦建德的战役中，充分显示了李世民超乎常人的沉稳性格和卓越的指挥才能。

随着李世民统一全国战争的结束，由于功绩卓著，他的威望日益提升，权力也逐渐扩大，政治地位和军事地位都在迅速增长。他掌握着大量能征善战的军队，同时还担任尚书令的职务，位居宰相之职，使其在唐王朝的上层统治集团中有着举足轻重的地位。

李世民是一个有长远眼光和心计的人。在晋阳起兵和统一全国的战争中，他利用自己特殊的地位和条件，有意识地收罗了大批谋臣猛将，并逐渐组成了一个幕僚集团。李世民的这个亲信政治集团对唐王朝的稳定具有特殊的意义。当统一战争结束后，李世民的幕僚开始鼓动他夺取皇位继承权，李世民便顺水推舟。而太子李建成也不是等闲之辈，李世民显赫的军事地位和威望，引起了他的嫉妒，使他感受到了严重的威胁，为了维护和巩固自己的皇位继承权，他也大力收罗人马，不断地扩充自己的势力。与此同时，李建成把弟弟齐王李元吉拉入自己的东宫集团，合谋对付李世民。随着形势的发展，李世民与太子之间的争权活动也逐渐由暗斗转向明争，越来越激烈，最后只能以流血来解决一切。

一日，李建成请李世民去太子宫饮酒。李世民的部下认为这是"鸿门宴"，所以劝李世民不要去，以免不测，但他坚持要去。结果李世民饮酒后回府吐了好多血……后来李元吉在唐高祖面前奏了李世民一本，想借父亲的手杀了他，又没有成功。在这种情况下，李世民手下的亲信，都劝他回击李建成和李元吉，以免受制于人。

形势已迫在眉睫，当时双方已经形成了水火不容的局势。李世民知道时机已经成熟了，如果再隐忍不发、不做决断，就会使幕僚们产生离心倾向。想想李建成和李元吉对自己的所作所为，他痛下决心，打算一举击败太子党。

武德九年（626）六月初四，李世民在武将尉迟敬德、侯君集和谋臣长孙无忌、杜如晦、房玄龄等人的协助下，发动了"玄武门之变"。

李世民在皇宫的玄武门埋伏下一支精兵，准备乘李建成和李元吉经过这里的时候杀死他们。早上，李建成和李元吉一起去见唐高祖，当他们骑着马刚走到临湖殿，发觉四周情况跟往常不一样，感到事情有变，就立刻掉转马头往回走。这时宫城北门玄武门的伏兵四起，太子李建成当场被射杀，齐王元吉被尉迟敬德杀死。

这时候，唐高祖正在太极宫的湖里划船，李世民的部下跑来报告："太子和齐王作乱，秦王把他们杀了！"唐高祖非常震惊，但也无可奈何，身边的大臣们劝他让位给秦王。这次政变之后的两个月，李渊被迫退位，时年29岁的李世民即位，史称唐太宗，成为唐王朝的第二个皇帝。第二年正月，改年号为贞观，从此李世民开始了他的皇帝生涯。

"玄武门之变"是统治阶级内部权力斗争的巅峰之战，这场争斗造就了一位千古明君。其实，李世民能赢当然不是仅凭这次"巅峰之战"，主要是他沉稳的性格，让他耐心地等待时机成熟，才出手去做，这样起到了事半功倍之效。

### 🌸 马上试一试 🌸

沉稳性格可谓是成大事者的共性，不过性格不是一成不变的，它会随着时间或环境的变化而发生变化，所以，即使具备这种性格的人，也要不断地加以完善。

# 4. 稳住心气，死打硬拼不可行

做事不能死打硬拼，要讲究方法。冷静地观察、分析形势后，再经过缜密的思考，最后作出决定，这是沉稳性格的人成功的最佳法则。

当年，拿破仑带领他精心组织的50万大军，以排山倒海之势压向俄国。临危受命的老将库图佐夫认真分析了敌我双方的力量，认为明显处于劣势：一方面兵力不足，另一方面拿破仑的不宣而战让他措手不及。

拿破仑大军长驱莫斯科，俄国处于生死存亡时刻，库图佐夫只能率军拼死抵抗，双方在博罗委诺村附近拉开了战幕。这是一场大血战，惨烈的战斗持续了一天一夜，最后俄军被迫撤离，拿破仑占领了库图佐夫的阵地。

作为一个首领，放弃一方阵地，实属无奈。但库图佐夫的放弃又不全是无奈之举。身为一名作战经验丰富的老将，他面临来势汹汹的敌军非常镇静，他冷静地分析了形势和敌我双方的实力差距，发现拿破仑尽管夺取了俄军要塞，但实力已被削弱，由进攻之势转为防御之势。再者，拿破仑长驱直入，孤军作战，如果在此长久相持下去，必然会削弱其士气和力量。到那时，俄军可重振雄风。于是他发布了一个让众人震惊的决定———放弃莫斯科。

消息传出后，人们都提出反对意见，把自己国家的首都拱手让给敌人，这是何等的耻辱。于是，全国响起一片"情愿战死在莫斯科，也不交给敌人"的呼声，就连沙皇也下令坚守都城。此刻，库图佐夫的心情比谁都沉重，放弃莫斯科对他来说更是一种羞辱，然而作为一名军事家，他清楚地意识到，假如凭一时之气，争一时输赢，坐等法国反攻，在敌强我弱的情况下，很可能会全军覆灭，最后导致国破家亡。

沉着冷静的库图佐夫，为了大局利益，他顶着巨大的压力毅然下令："现在，我命令，撤退！"时隔不久，拿破仑的军队占领了莫斯科。

拿破仑没有想到，此次的胜利却是他以后失败命运的开始。俄国人留给他们的是一座一无所有的空城，继之而来的是饥饿和严寒，而这时士兵们的思乡情绪上升，军心涣散。拿破仑只好下令撤出莫斯科，然而已经晚了，俄国人是不会轻易放走占领他们首都的侵略者的，一场恶战使法军全线溃败。占领莫斯科成为拿破仑一生中最大的败笔。

库图佐夫没有因为一时冲动而与拿破仑死拼，他顶着巨大的压力，冷静地做出了放弃莫斯科的决定，取得了最终的胜利。由此可见，冷静性格的人，在关键时刻可以控制浮躁情绪，能够冷静地思考问题，不因一时的冲动或他人的鼓动而不知所措，从而找出解决问题的方法，赢得最终的成功。

### 🌸马上试一试🌸

性格浮躁的人，尤其是性格浮躁的指挥员，在遇到一些突发事件时，很可能会发出错误的指令，结果导致整个队伍遭到残害。所以，人们还是要克服浮躁性格，完善沉稳性格。

# 5. 处乱不惊，凝神静气处世

"处乱不惊、从容应变"是稳健性格之人的表现，这种"稳健"性格是成大事者不可不备的，所以欲成大事者，在工作和生活中，就要多多培养和不断完善这一性格。

清朝年仅20岁的康熙皇帝，面对来势汹汹的三藩之乱，表现出超乎寻常的沉着和冷静。在遇敌时，他表现出一个政治家的从容不迫的沉稳性格，不慌乱、不盲动，沉着地制定出相应的策略，让事情得到圆满的解决。

康熙皇帝在亲政之初，把裁撤三藩、河务、漕运列为急需解决的三件大事。他把撤三藩列为三件大事中的第一件，时刻思虑裁撤的时机与办法。虽然康熙帝早就有了撤藩的意向，但由于三藩实力强大，不敢贸然采取行动，以防不测。

康熙十二年三月，已经看出朝廷意图的尚可喜首先提出撤藩，上奏朝廷，请求归老辽东。这为久思撤藩的康熙帝提供了一个难得的良机。康熙帝顺水推舟，立即批准，并对他大加赞誉。尚可喜本来的意图是自己回东北以保善终，让儿子尚之信留镇广州，承袭自己的位置。但康熙认为撤藩必须彻底，不能留下后患，于是拒绝了他的要求。尚可喜无奈，只好服从了命令，开始准备迁移。

吴三桂得到尚可喜被撤藩的消息后，非常震惊。这时吴三桂的儿子吴应熊从京师派人驰书给吴三桂，要他依计而行。吴三桂经过反复思忖，只好也上书请求撤藩。但吴三桂认为自己势力大，而且功劳多，朝廷不会撤去他的位置。与此同时，耿精忠也给朝廷上了一份撤藩奏疏。

康熙帝认为这是难得的机遇，准备一概批准奏疏。但对是否撤藩吴三桂，朝臣中产生了不同意见。只有户部尚书米思翰、兵部尚书明珠等人赞成康熙帝的决策，大多数朝臣持反对意见，大学士图海、索额图等大臣担心引发兵变，反对让吴三桂撤藩。这个时候，康熙帝令议政王大臣会同户、兵两部讨论，但始终没能取得统一意见。而康熙帝早已考虑详熟，他知道三藩蓄谋已久，不早撤，必然养痈成患。而且这是他等待的最佳时机，于是康熙帝力排众议，正式做出撤藩的决定。

康熙帝下诏给吴三桂，在肯定他的巨大功绩之后，便以吴三桂年事已高等原因允准了他的奏疏。他向吴三桂保证，撤藩后，可使吴三桂永保荣誉，共享太平之福。

但是，由于吴三桂申请撤藩并非出自真心实意，当撤藩的诏旨送到云南后，他震惊、失望，更气恼。吴三桂立即与其党羽密谋起兵，并开始为起兵做准备，调集人马，断绝邮传，封锁消息，暗令境内只许入而不许出。

同年十一月二十一日，吴三桂杀死云南巡抚朱国治，逼使云贵总督甘文焜自杀，同时扣留了康熙的使臣折尔肯等，正式起兵反清。为了笼络民心，他脱下清朝王爵的穿戴，换上明朝将军的盔甲，打起了为明王朝报仇雪恨的旗号。当吴三桂起兵的消息传到北京后，清廷上下为之震惊。

吴三桂的叛乱，早在康熙皇帝的意料之中。刚刚20岁的康熙，与久经沙场的吴三桂对峙，并没有表现出惶恐，少年老成的康熙皇帝冷静着手，从容应对。

他首先杀死在京的吴三桂的儿子，以坚定削藩抗吴的决心，同时增派八旗精锐前往咽喉要地荆州固守，并通知广州与福州，两藩停撤，以孤立吴三桂，另一方面，将散布各地的原属吴三桂的官员一律赦免，以利大局稳定。

吴三桂挥军北进时，清政府在军事上还没有充分的准备，所以吴军进展很快，福建耿精忠举兵攻略江西、浙江等地时，吴三桂的前锋已抵长江南岸，与清军形成了隔江对峙的局面。仅一年的时间，吴三桂就占据了江南。与此同时，四川、山西、陕西、甘肃诸省也发生了叛乱。

面对复杂的形势，康熙帝处乱不惊，运筹帷幄，指授方略。康熙十四年，吴三桂军的战略进攻达到了顶峰，形成了耿精忠控制的福建、浙江、江西为一面；四川、陕西、山西、甘肃为另一面的局势，特别是陕西提督王辅臣的叛变对京师的威胁最大。在这种形势下，康熙制定了明确的战略方针：清军以荆州为战略立足点，与湖南战场的吴军主力周旋，不攻；决定先解决耿精忠、王辅臣两股势力，然后再集中兵力同吴军决战。

王辅臣，山西人，强盗出身，骁勇善战。顺治年间就曾反叛过清廷，后来归降，到了吴三桂手下当差，吴三桂待他不薄。但是王辅臣却对吴三桂不满。一次酒后，王辅臣骂了吴三桂的侄子吴应麒。吴三桂让人捎话责备王辅臣，说："你这是什么意思？惹得别人笑话我，说我吴三桂平日对王辅臣爱如亲子，现在却如此放肆，岂不贻笑天下！再也不要说这种话了。"王辅臣听后不以为然，就找机会离开了吴三桂，到陕西任提督。吴三桂对此很理解，还送给他两万银子做路费。

吴三桂反清后，极力拉拢王辅臣，王辅臣感念吴三桂的旧恩，又回头上了吴三桂的贼船。根据这一情形，康熙认为王辅臣虽然是第二次叛变清朝，但叛心不坚，假如再度宽容，相信能招抚成功。为此他专敕慰勉，最终感化了王辅臣，使他重新归顺了朝廷。

继西北招抚成功之后，福建耿精忠也被招抚归降，闽、浙相继平定。十六年四月，后叛的尚之信也被招抚归降。同年六月，康熙向各地统帅、督抚部署：凡在贼中文武官员兵民，悔罪归正，前事悉赦不问，仍照常加恩。如果有擒杀贼者，投献军前，或者以城池兵马归抚者，仍论功奖赏。依此形成制度，每到战役关键时刻，康熙帝都发招降敕书，由专门负责招抚的人掌管送达，可以说是攻心战。

康熙帝采取的又一项重要政策是重用汉兵汉将，他们为平叛发挥了重大作用。吴三桂在失去耿、尚两藩支援后，处境孤立，匆忙于康熙十七年三月在衡州称帝，国号大周。八月，74岁的吴三桂得病暴亡，吴世番即位，但他根本无力统领军队，吴军纷纷溃败。康熙则有条不紊地指挥，命令各路军队，乘胜追杀。

这时，清军已进入湖南，将长沙之敌包围，并从水陆两路进攻岳州。在派兵几路围讨的同时，为了尽快结束战争，康熙采取了恩威并施的策略，劝诱叛军投降。他给叛将写了招抚的谕旨，争取他们投诚，并取得了明显的效果。康熙二十年十一月，清军终于攻破昆明城，吴世番服毒自杀，其党羽四散。这场历时八年的三藩叛乱，以吴三桂的覆灭而告终。

每临大事有静气，是一切雄才大略者的共性。康熙的确有政治家的稳健，一个"稳"字贯穿康熙政治生涯的始终。忍耐、应变、治吏、外交都集中体现了康熙的稳健。而且稳健中带有远见卓识的政治眼光，不为一时而意气盲动，遵循章法，进退自如，把胜利稳稳地握在自己的手里。

在平定三藩这场生死攸关的战争中，康熙沉着冷静，稳中求胜，表现了一个政治家的非凡性格和卓越智慧。

### 马上试一试

性格沉稳的人，在遇到问题时，首先会做出一个周密的计划，然后再一步步去执行，对每一个计划的配合都做出详细安排，并且冷静地启用一切对自己有所帮助的人和事物，最终达到既定的目的。

# 6. 遏制急躁，保持理智

《孙子》里说：主不可以怒而兴师，将不可以愠而致战，合于利而动，不合于利而止。这是在告诉人们任何时候都应该保持理智，沉稳、遏制急躁情绪。

三国时，刘备得知关羽被吴军所杀后大怒，遂打算起兵攻打东吴。

赵云劝谏道："如今，国贼是曹操，而不是孙权。曹丕篡取汉位，人神共怒。陛下应当及早在渭河上流屯兵，声讨曹贼，夺取关中。如此一来，关东义士一定会带着粮食，策马赶来加入讨贼大军中。如果舍魏伐吴，一旦两军交战，很难速战速决，而且会给双方都造成严重的损失，曹贼便能坐收渔翁之利。希望陛下明察。"

刘备说："孙权害了朕弟，与朕有不共戴天之仇，而且傅士仁、糜芳、潘璋、马忠等人都与朕有深仇大恨，朕恨不得吃了他们的肉，灭掉他们的宗族！爱卿为什么要阻止呢？"

赵云回答道："讨伐汉贼曹操，报的是公仇；攻打东吴，报的是私仇。希望陛下以社稷为重。"

刘备则说："如果朕不能为弟报仇雪恨，即使拥有万里江山又有何用？"于是，他不听赵云的劝谏，加紧练兵，随时准备攻打吴国。后来，诸葛亮虽然劝谏多次，刘备始终不听。

刘备与张飞商量好伐吴事宜后，便回了阆中。没过几天，张飞的儿子张苞前来报告刘备："范疆、张达杀了臣父，将首级投吴去了！"

刘备更加震怒，他既要为关羽报仇，又要为张飞雪恨，伐吴之心更加坚定。两军交锋数回后，蜀军兵败于彝陵，不但大仇未报，还赔上了性命。

其实刘备落得如此的下场，归结起来是因他浮躁的性格所致。如果他不是因为一时气急，而做出誓与东吴决一死战的决定，恐怕就会是另一种结局了。

根据当时的情况，鲁肃、庞统、诸葛亮等人都认为首先要联合东吴灭掉大患曹操，然后再一步一步地歼灭孙权，这样不但会成就大业，更会雪耻报仇，但假设毕竟是假设，这只能让后人引以为鉴。

刘邦与刘备就有所不同，他性格沉稳，能够高瞻远瞩，时刻保持清醒的头脑，不被一时的情绪所牵制，从而稳住了韩信的心。

公元前208年，刘邦与项羽在战场上进行激烈的战争，就在此时，韩信攻占齐地后派人给刘邦送来了信，要求封他为假齐王。刘邦见信后勃然大怒，说道："我被困在这里焦急地等待他的援救，他却想自立为王，简直是荒唐。"张良用手拉了拉刘邦的袖子，悄声对他说："现在战场形势于我不利，怎么能阻止韩信称王呢？不如答应他的要求，立他为王以稳住其心，否则他会倒戈叛乱的。"刘邦听后恍然大悟，忙改口对使者说："大丈夫平定诸侯，当就当个真王，哪能当假王呢？"随后，刘邦就封了韩信为王。这一步棋稳住了韩信，在以后的日子里，韩信尽心竭力地为刘邦效命，为汉朝的统一立下了汗马功劳。

人如果养成浮躁的性格，那么动辄就会暴躁、发怒，这样便导致思维混乱，无法保持理智和清醒，在冲动的情况下做出不明智的选择，只能把事情弄得更糟。所以说，浮躁性格对自己所行之事会造成很大的阻碍，对自己事业的发展也非常不利。

人的性格是可以靠后天完善的。如果是浮躁、不安的性格，那么就应该加以改善，然后培养和完善沉稳性格，这对你的前途、事业都有益处。

### ❀ 马上试一试 ❀

要想让自己成就一番事业。就要完善沉稳的性格，克服浮躁性格，这样才能控制愤怒、急躁的情绪，遇到问题时才能冷静地思考找出正确的对策，从而在人生路上立于不败之地。

# 7. 稳中求胜，不做无谓的冒险

沉稳性格并非是保守性格。这种性格的人表现出的是一种沉着稳重的做事风格，而不是优柔寡断的行事作风。尤其是在商战中，沉稳性格的人更显优势。如香港实业家李嘉诚在投资债券时，就将"稳中寻求发展"的做事风格表现得淋漓尽致。

香港实业家李嘉诚在投资的过程中，将沉稳的个性表现得非常到位。不管是面对小的投资项目还是大的投资项目，他都会分析其中利弊，能进则进，否则甘愿退出。在他眼中，做生意不是赌气。既然要投资，必然要看到其中的利润。

对置地的吞并就能体现出李嘉诚的这种沉稳的做事风格。

西门·凯瑟克要卖掉置地股权的消息传出后，在香港引起了轰动，被舆论界炒得沸沸扬扬。据说，当时财力雄厚的华商均有收购置地的打算，这些人都是香港的杰出人士，如李嘉诚、包玉刚、郑裕彤、郭得胜、李兆基等，甚至被称为股市狙击手的刘銮雄对置地这个庞然大物也虎视眈眈，意欲乘虚而入。

传闻说刘銮雄曾登门拜访过怡和大班，向西门·凯瑟克等人提出以每股16港元的价格，将怡和所控的25%置地股权收购。但刘銮雄的如意算盘没有打成，西门·凯瑟克回绝了刘銮雄。

西门·凯瑟克之所以不同意刘銮雄提出的收购条件，一方面是因为他觉得刘銮雄出价过低，显得有些贪婪，另一方面是因为刘銮雄在股市上的名声不好，不管置地目前的状况有多糟糕，怡和大班也不会将他们苦心经营的置地转手给这样的人。

其后，又有许多大老板先后拜访了西门·凯瑟克，头脑甚为精明的西门·凯瑟克采用了欲擒故纵的计谋。他将置地这块诱人的香饵高高悬挂起来，众多猎手都能瞧见它，因此多少都会抱有一些希望；但是由于这块香饵悬挂的位置比较高，要想得手还得付出很大的代价。西门·凯瑟克的计谋的确高明，惹得众猎手欲罢不休，欲得不能。

当时的传闻甚多，真真假假，难以分辨。不过，在这些传闻中，炒得最响的当属以李嘉诚为首的华资财团。

为了能够购得置地股权，李嘉诚同其他的猎手一样，也去拜访了西门·凯瑟克，提出了以每股17港元的价格收购怡和手中的25%置地股权。在当时，置地股票的市价仅为十多港元，李嘉诚的出价比当时的市价高出了6元多。西门·凯瑟克并没有对李嘉诚的条件动心，但此时他没有一口回绝李嘉诚，而是向李嘉诚表示："谈判的大门永远向诚心收购者敞开，关键是有双方都可接受的价格。"

李嘉诚自然不愿放弃这个谈判机会，于是双方就此事开始了进一步的协商。不过，协商的结果并不理想，双方均坚持自己的底线和目标，很难达成一致。

当时，香港股市正处于繁盛时期，恒生指数扶摇直上，此时并不是低价吸纳的最好时机。于是一向稳重的李嘉诚在谈判中并没有表现得很积极，他在等待着有利时机的到来，就像当年收购港灯一样，能做到这一点，必须要有足够的耐心。

天有不测风云，由于受华尔街大股灾的影响，香港恒指突然狂跌。1987年10月19日，恒指暴跌420多点，被迫停市后于26日重新开市，再泻1120多点。股市愁云笼罩，令投资者捶胸顿足，痛苦不堪。

香港商界惊恐万状，大家自身尚且难保，再也没有余勇卷入收购置地的大战了。此时自救乃当务之急。置地股票跌幅约四成，令凯瑟克寝食难安。

李嘉诚的"百亿救市"成为当时黑色熊市的一块亮色。证券界揣测，其资金用途将首先用作置地收购战中。

正如一场暴风雨一样，这次股灾来得猛，去得也快。等到1988年3月底，沉入谷底的恒指开始回攀。银行调低贷款利率，地产市况渐旺，股市也逐渐开始转旺。

农历大年刚过，收购置地的传言再次盛行，华南虎再度出山。

事后，报章披露，1988年3月，李嘉诚等华商大亨曾多次会晤西门·凯瑟克及其高参包伟士。

一直善于等待时机、捕捉机会的李嘉诚，这次为什么没有借大股灾中怡置地扑火自救、焦头烂额之际趁火打劫呢？须知股灾中置地股价跌到6.65港元的最低点，即使以双倍的价格收购，也不过13港元多，仍远低于李嘉诚在股灾前提出的17港元的开价。

原来，收购及合并条例中有规定，收购方重提收购价时，不能低于收购方在6个月内购入被收购方公司股票的价值。10月份的股灾前，华资大户所吸纳的置地股票，部分是超过10港元的。这就是说，假设以往的平均收购价是10港元，现在重提的收购价，就不得低于10港元的水平，而6个月后，将不再受这一限制。

4月中旬，股灾发生后已过了整6个月。此时，置地股从最低点回升后，仍在8港元的水平上徘徊，仍低于股灾前的水平，依然对收购方有利。

李嘉诚虽然开始了对置地股的收购，但并没有坚持下去。因为，置地在后来进行了强有力的反收购，李嘉发现要想从置地的收购中盈利相当困难，于是毅然放弃收购，尽管自己为了这次的收购活动花费了不少心思，但是从另一个角度来看，对没利可图的生意选择放弃，无疑是最终的胜利者。

商场如战场，李嘉诚之所以放弃这次收购活动，是因为他觉得即使收购成功，也不会是一次盈利的收购，所以他退出了。李嘉诚就是这样一位有着沉稳性格、理性头脑的投资家，他不会意气用事，不会为了标榜自己的实力而为只能赚取微薄利益的生意做巨大的付出。

要想做一个成功的商人或投资家，首先要修炼自己的心性，做到无论在什么情况下，都能够保持一种平稳的心态。要做到这点确实不易，然而，对一个性格沉稳的人来说，做到这一点并不难，所以，欲成大事者就先完善沉稳性格吧！

# 8. 胸有成竹，稳健出手

武林高手过招，都不急于使出绝招，而是先试探对方的实力，做到心中有数，然后才拿出应敌之术。康熙皇帝与鳌拜的对决中，性格稳健的康熙帝就是这样做的，他知道鳌拜势力庞大，便一直按兵不动，稳住鳌拜，为自己争取时间、培养实力，待时机成熟后一举将鳌拜歼灭。

顺治十八年（1661）正月初九日，年仅8岁的玄烨正式即帝位，改年号为康熙。

康熙即位时，根本没有能力处理繁重的国家政务，当时的朝政实际上是由顺治安排的以索尼为首，以苏克萨哈、鳌拜、遏必隆为辅的四大辅臣掌控。各项大政方针，皆出自他们四人之手，但都是以皇帝的名义发布的。实际上，四位辅政大臣是在代行皇帝的职务。索尼等四人都是元老级的重臣，而且同属皇帝自将的上三旗，他们在朝廷中的地位很高。

四位辅臣在康熙即位后的最初几年里，遵循誓言，同心协力，为清政权的巩固和稳定发挥了积极作用。但是，四辅臣联合辅政的局面并未维持很久，随着形势的发展，他们之间的矛盾和斗争日益公开而激烈。

康熙六年六月，索尼因病去世。这一年，14岁的康熙帝举行亲政大典。但是鳌拜却不愿归政，企图继续把持朝政，如此一来，鳌拜同辅臣之间的矛盾逐渐发展成与康熙帝之间的矛盾和冲突。这个时候，主张政务应归皇帝的苏克萨哈与鳌拜矛盾愈深。鳌拜由于专权受阻，便怀恨在心，后借机诬陷苏克萨哈，准备灭苏克萨哈的门族。当时，康熙帝认为处分太过，没有答应鳌拜。但鳌拜非常无礼，他上前抓住康熙的手臂，康熙无奈，只好将苏克萨哈改判绞刑。

由此四辅臣就剩下遏必隆和鳌拜二人，鳌拜更加为所欲为，肆无忌惮。他在朝廷内外广树党羽，安插亲信，他的弟、侄都占据了重要的职位，实际上，鳌拜已经完全控制了国家的军政大权。他的弟弟穆里玛担任满洲都统，康熙二年被授为靖西将军，后被升为阿思哈尼哈番。他的另一个弟弟巴哈，顺治时任议政大臣、领侍卫内大臣，鳌拜的一个儿子被封为和硕额驸，另一个儿子那摩佛担任领侍卫内大臣，后袭封二等公，加太子少师衔。那时候，凡是朝中大事，鳌拜召集他的亲信，就在家中做出决定，即使康熙帝不同意，他也强行贯彻执行。他曾强行颁布"圈地令"，致使数万人失业。另一方面，他规定了种种严刑苛法，动辄就实行酷刑。鳌拜一面培植死党，一面不择手段地排除异己。许多官员因为违背他的意愿，被鳌拜找借口处死了。朝廷之中人人自危，无人敢说"不"字，即便在康熙面前，鳌拜也毫无顾忌，恣肆妄为，他的权势已经威胁到了皇帝的绝对权威，他的行为引起了康熙帝和孝庄太后的警惕。

尽管康熙帝还小，但颇有心计，时刻关注朝政，并认真学习处理朝政的方法。对于鳌拜的为所欲为，他时时都保持着清醒的头脑、沉着的态度，同时也对鳌拜进行了力所能及的抵制和反驳。

从亲政开始，他就有意识地逐步摆脱鳌拜的控制，每当他亲临乾清门听政理事时，总是直接召见满汉大臣商讨，如此一来便使鳌拜的权势有所下降。与此同时，康熙帝认为，长期任鳌拜胡作非为下去，将再难以控制，于是他开始考虑如何除掉鳌拜集团了。

康熙帝想除掉鳌拜，但鳌拜势力非常大，没有十足的把握，不敢贸然行事，否则，将会激变成乱，危及自己的统治。

为了稳操胜券，康熙首先迷惑鳌拜。他下令封赏辅臣，把鳌拜授为一等公，鳌拜的二等公爵位，由他的儿子那摩佛承袭。后来康熙又加封鳌拜为太师，他的儿子那摩佛加封太子少师。

为了有张对付鳌拜的王牌，同时又能掩人耳目，康熙召见他的亲信侍卫、索尼次子索额图进宫秘密策划。计议决定后，康熙帝下令挑选身体强健的少年进宫做扑击、摔跤等游戏活动，陪他娱乐。每次练习的时候，康熙都在一旁观看，即使鳌拜进宫，也不回避。鳌拜认为康熙喜欢和少年嬉戏，并没有意识到这些少年将会威胁到自己。

为了削弱鳌拜的羽翼，增加成功的概率，避免发生意外，在采取行动之前，康熙以各种名义将鳌拜的亲信派往外地，然后，他才决定行动。

康熙八年五月二十六日，康熙帝召集众少年，问道："你们都是我忠诚的卫士，你们敬畏我还是敬畏鳌拜呢？"众少年同声回答："我们都敬畏皇上！"康熙帝随即公布鳌拜所有的罪恶，并授计捉拿。当鳌拜被宣召进宫时，他毫无防范，康熙帝命令所有少年上前将鳌拜捉住。鳌拜还以为这是在游戏，并未在意，但看到康熙严肃的表情才意识到问题的严重性，顿时慌了手脚，不过为时已晚，这群少年已将他生擒。

康熙帝将鳌拜逮捕后，马上清剿鳌拜党羽，以鳌拜为首的政治集团迅速瓦解了，主要党羽都纷纷束手就擒。

康熙帝命和硕康亲王杰书等审查鳌拜及其党羽所犯罪行，列出了大罪三十条，其中包括欺君擅权，引用奸党，结党议政，杀苏克萨哈，擅杀苏纳海，更换旗地等，按法判处其死刑，没收其家产，其子纳穆福也被处死。

这时的鳌拜乞请再见皇上一面，康熙帝赐恩准见，鳌拜脱下衣服，露出为清朝多年血战留下的无数伤痕，恳求从轻发落。康熙帝动了恻隐之心，考虑到他为国家建树的功勋，不忍加诛，改死刑为拘禁，其子免死，同鳌拜一起监禁。

遏必隆被列罪十二条，议政大臣会议提出应革职立绞，妻子为奴。但康熙做了宽大处理，仅仅革去了遏必隆的爵位。

为了稳定大局，康熙帝对鳌拜的党羽没有赶尽杀绝，而是做了不同处理，对班布尔善等人及鳌拜弟、侄数人均处死，对于那些诏附而无大恶的多数党羽，如尔马、阿南达等人，都予以从轻处置。与此同时，给苏克萨哈平反昭雪，恢复原官职及世爵。

在这次权力顶峰的博弈中，康熙施展了非凡的政治谋略，他所采取的方针、策略是稳妥而明智的，因而取得了完全的成功。

纵观这次行动，有惊无险，一切都按计划进行，最终取得成功。最关键的因素应该就是康熙的沉着和稳健。在时机尚未成熟时，宁愿忍耐、等待，直到有取胜的把握后，他才一举除掉鳌拜。而且，在处理鳌拜同党的过程中，他同样没有冲动，不过激，也不过纵，该杀的必杀，该放的就放，以稳定政局为重。整个行动过程，都在康熙的掌握之中，真正做到了步步为营，稳中取胜。可谓"事无胜算不出手"。

### 马上试一试

　　沉稳性格是成功者的共性，但这并不表示凡人就不需要这一性格。稳健处世比浮躁处世取得的效果要好得多，所以凡人也需要完善沉稳的性格。

# 第六章 小心谨慎，把每一步想在前面

## ——改变马虎大意的性格

明人吕坤在《呻吟语》中谈道："世间事各有恰好处，慎一分者得一分，忽一分者失一分，全慎全得，全忽全失。"其实，马虎大意的害处并不止于此，因为在有些时候虽然失之毫厘却会谬以千里。无论身处顺境还是逆境，谨慎都是必须的。只有完善谨慎性格，才不会在顺境中因得意忘形而摔跤，在逆境中因眼高手低而被困。

# 1. 谨慎低调，夹缝保身

人生在世，不会事事尽遂人意。有时也会面临左右不定、进退两难的夹缝局面。性格谨慎的人，遇到这种情况时会小心处之，利用夹缝中的力量，借势发挥自己的潜力，成就一番事业。

人生不可能一帆风顺，有时会面对坎坷与障碍，身不由己，这会让人有种身处夹缝中的感觉。而在这个夹缝中穿梭，就得小心谨慎，猜测他人的意图与目的；同时，也要藏起自己的意图，明确自己的目标，等待时机东山再起。

在夹缝中生存，稍一不慎，就会被人利用或者陷害，如果能够克制住自己，谨慎一些，不但可以保全自己，还可以达到自己的目的。

北宋丁谓担任宰相时，把持朝政，不允许同僚在退朝后单独留下来向皇上奏事。许多大臣不服他的命令，纷纷在退朝之后向皇上奏事，结果都遭到他的打击与报复。面对皇上的权威、丁谓的压迫，大臣们虽屡次努力，但还是束手无策，而王曾从没有违背丁谓的意图，丁谓也没有为难过他。

一天，王曾对丁谓说："我膝下无子，老来孤苦，现在我想把亲弟弟的一个儿子过继到我家，为我传宗接代。我想当面乞求皇上的恩泽，在退朝后向皇上启奏。"丁谓听后，对他说："那就按照你说的去办吧。"

于是，王曾在征得丁谓同意的情况下，在退朝之后单独拜见皇上，并且趁机向皇上提交了一卷文书，同时揭发了丁谓的罪行。过后，丁谓后悔不已，但是为时晚矣。不久，宋仁宗上朝，丁谓被贬崖州。

王曾之所以能够在丁谓的眼皮底下将其揭发，是因为性格谨慎的他懂得如何在险象环生的夹缝中伏藏隐忍，并且积极寻找机会实现自己的目的，这是克敌制胜的关键。如果一个人不懂得谨慎伏藏，即使能力再强，智商再高，也会在夹缝中被压迫、利用，甚至被挤压窒息。若要在夹缝中保全自己，就需要人的谨慎性格来把持，事事小心谨慎，必然能少些危险。

对于明王朝的建立，"指挥皆上将，谈笑半儒生"的徐达功不可没。他有勇有谋，用兵持重，在其戎马一生中，为明朝的创建立下了赫赫战功，是中国历史上著名的谋将帅才，深得朱元璋的宠爱。虽然徐达从小与朱元璋一起长大，并且战功赫赫，但他深知"伴君如伴虎"的道理，所以他仍然事事小心谨慎。

徐达的生活极为俭朴，朱元璋多次在私下对他说："徐达兄建立了盖世奇功，从未好好休息过，我就把过去的旧宅邸赐给你，你好好享几年清福吧。"朱元璋的旧邸是其为吴王时居住的府邸，徐达却不肯接受。

于是，朱元璋想出一妙计，他邀请徐达在旧邸饮酒，然后将其灌醉，命人给其盖上被子，并且亲自将其抬到床上睡下。半夜时刻，徐达酒醒，问周围的人自己住的是什么地方，内侍说："这是旧内。"徐达大吃一惊，连忙跳下床，俯在地上自呼死罪。朱元璋见他如此谦恭，非常高兴，于是下令在此旧邸前修建一所宅第，并在门前立一石碑，亲书"大功"二字。

徐达身为统帅，却从不沾声色犬马，也无酒财之好，处处持守大节。他病逝后，朱元璋为之辍朝，悲恸不已，将其追封为中山王，并将其肖像陈列于功臣庙第一位，称之为"开国功臣第一"。

历代帝王都是靠能征惯战的武将、善于运筹的谋士来打天下的。但是在皇朝的根基稳固之后，皇帝便害怕将相、权臣夺取皇权或挟天子以令诸侯。于是，都把功臣视为最大的威胁，会不惜一切代价收回其权力，"狡兔死，走狗烹；飞鸟尽，良弓藏；敌国破，谋臣亡"是皇权统治下残酷但真实的写照。

朱元璋登基后，为了维护政权统治，杀害了很多功臣、元勋。这种残酷的手段是强化其统治的方法，也是统治阶级内部残酷斗争的结果。而徐达居高官享厚禄，却没有遭到朱元璋的"毒手"，究其原因当然是他的谨慎性格所致。

徐达明白在夹缝中生存的危险，所以他坚守保全自己的要诀，那就是处处小心，时时谨慎，他知道如果肆意妄为，无异于引火烧身。

与徐达的做人学问相反的另一位吏部给事中王朴，不懂得夹缝中的生存之道，最后招来杀身之祸。

王朴因多次直言进谏，触犯了龙颜而被罢官回家，后来又被起用作御史，但是他的性格依然没有改变。在朝廷之上，多次与朱元璋争辩是非，不肯屈服。有一次，因一事又与朱元璋激烈争辩，他的言语尖锐，彻底激怒了朱元璋，震怒之下将其制为死罪。在行刑前，朱元璋问："你改变自己的主意了吗？"王朴义正严词地回答说："陛下不认为我是无用之人，提拔我担任御史，为何现在将我摧残侮辱到这个地步？假如我没有罪，怎么能杀我？有罪何必又让我活下去？我今天只求速死！"听到他这一番"铁骨铮铮"的话，朱元璋更怒，下令左右立即执行死刑。

生性耿直自有其好处，但是在封建统治的高度集权之下，在一言九鼎的皇帝面前，如果不能小心谨慎地控制自己的言行，掌握一些处世策略，结果只能毫无价值地送掉自己的生命。

### 马上试一试

掌握生存之道的人，往往具有非凡的谨慎性格，善于在夹缝中生存的人，终将得大道，成大器，至大尊。所以，欲成大事者一定要完善谨慎性格。

# 2. 提防骗子，小心陷阱

在商场里打拼，需要时刻提高警惕，提防被人蒙骗。其实大多数被骗的人，都是因为自己性格马虎大意，疏忽于防范而造成的。所以，人们应该多多磨炼和完善谨慎性格，只有谨慎小心在商场中才不容易吃亏。

如果事事都能谨慎处之，那么即使遇上商业骗子也能够发现他们的蛛丝马迹，不至于同下面这则例子中的陈经理一样被骗了。

湖南某县农副土产开发公司经理办公室进来了一位三十多岁、操广东口音的中年人。来者自称是广东某县一家公司的业务主办，姓金，边说边递过来花哨的名片和介绍信。敬烟落座之后，他向公司陈经理说急需4万条包装麻袋，请求支援云云。见大生意上门，正在为扭亏犯愁的陈经理一下子来了精神，一口应承下来。不巧，公司仓库里只有2000多条。"金主办"说："2000条可不够，我们是跟越南做的边贸大生意……"陈经理与"金主办"谈了很久，商定由土产开发公司马上组织货源，"金主办"两个月后再来提货。双方当即签订了购销合同。

陈经理既喜又忧，喜的是天上掉下来一笔好买卖，忧的是仅凭合同组织货源，对方一旦生变怎么办？"金主办"似乎看出陈经理的心思，马上拿出3500元定金。陈经理这下可放心了。

晚宴上，陈经理与"金主办"俨然一对亲弟兄。"金主办"走后，陈经理派人四方调集麻袋，所到之处不是没有这么多存货就是价格不能接受，陈经理十分着急。约一个月后，外省一家贸易公司经理上门谈黄豆业务，所呈的"可供商品一览表"中有一栏使陈经理喜笑颜开——可供麻袋6万条。虽然贵点，但转手快还是划得来。陈经理暗喜，真是得来全不费功夫！黄豆的事丢在了一边。现款现货，几天之后，4万条麻袋运到了土产公司仓库里。

陈经理赶忙给"金主办"去电通知其尽快提货，电报以地址不详被退回。再次去电，依旧退回。派人到广东一打听，当地根本没有这么个公司，"金主办"更是找不到。原来，外省那家贸易公司由于经营不善，积压了大批麻袋，四处推销无用，故用曾在广东长住的"金主办"设了这一圈套。真是越冷越吹风，陈经理空喜一场不说，库存又多了积压，银行利息猛增，这几万条麻袋何时才能销得出去呢？

在商场上就是这样，有时候表面看上去是商机，其实就是一个大陷阱，如果陈经理是个性格谨慎的人，就会在事后仔细查对"金主办"的身份，那么就会揭穿他的骗局。

由此可见，性格马虎大意实在是难以成就事业，完善谨慎性格还是非常必要的。

### 🌸 马上试一试 🌸

狐狸再狡猾也会露出尾巴，所有的骗子都会露出马脚。麻痹大意、粗枝大叶往往是许多人上当受骗的主要原因，这样性格的人即使狐狸的尾巴已经露出，他都不一定能发现，所以人们要克服马虎大意的性格，不断完善谨慎性格。

# 3. 行事谨慎，勇谋兼备

　　有勇无谋是莽汉，有谋无勇是懦夫，有勇有谋才是英雄。但是光有谋和勇还不够，要有所大成还需要拥有谨慎的性格。

　　隋文帝杨坚夺取天下经历了许多艰难和险阻，在与北周宗族斗智斗勇的过程中，他谨慎从事，如履薄冰，不肯多说一句话，不敢多迈一步路。

　　周武帝时，杨坚长女杨丽华被选为太子妃，这样杨坚就又从贵臣荣升为"国戚"。有一次，杨坚与好友宇文庆谈论当时形势，预感到北周的统治即将结束，对可能出现的动乱局面进行了充分的估计，并已经做好收拾北周局面的思想准备。当时的齐王宇文宪就对他的皇帝哥哥讲："杨坚相貌非常，臣每见之，不觉自失。此人终非久居人下之辈，请早除为上，以免后患。"但周武帝对杨坚多有庇护说："看他的相貌，犯上并不多，没有什么特异。"后来，武帝亲信大臣王轨也密奏："杨坚貌有反相。"当时周武帝很不高兴，沉默好久才表示："假若天命有在，又能拿他奈何！"杨坚得到消息后，非常害怕，他一改平素满脸戾气，尽力收敛自己的行为，开始毕恭毕敬、谨慎小心地行事。

　　周宣帝即位后，马上下诏封杨坚这位国丈为大司马，拜上柱国。对杨坚非常信任，每当自己出游玩乐时还让杨坚担当心腹护卫或镇守京师。当时，周宣帝有很多美人，这些美人相互争宠，相互诋毁，都想把杨丽华从皇后的位子上赶下去。为此，这些美人及其家属纷纷进言说杨坚有"图谋不轨的不臣之心"，一时满城风雨，沸沸扬扬，周宣帝多次对杨皇后骂道："一定要灭你们杨家一族！"

　　杨坚在积极为代周做准备时，也曾引起周宣帝的警觉，甚至想到杀掉杨坚。一次，周宣帝派人召杨坚入宫，对左右卫士讲："如果杨坚入宫后神色惊惶，马上就杀掉他。"杨坚虽然欲反，但他也时时提醒自己要谨慎行事。他入宫后，行礼趋拜，一如平日，神色自若，装得非常虔诚，周宣帝没发现什么异样，就不了了之了。尽管杨坚表面不露声色，但内心对周宣帝的猜疑也时时感到不安，认为长此下去，对自己必然不利。于是，为逃避周宣帝的猜疑，也为了在北周动乱时握有实力，杨坚准备暂时离开朝廷，到地方上去掌实权。

就在这时，周宣帝病重，杨坚便称自己"暴得足疾"，在京城伺察形势。刘昉、郑译（周宣帝的两个宠臣）眼见周宣帝快咽气，刘昉为以后飞黄腾达，便与郑译商议，共同拟定一个假诏书，声称周宣帝遗嘱，让杨坚以皇太后父亲的身份总揽朝政，辅佐周静帝。密谋之后，宣杨坚入宫，把让他辅政的事情说出来。杨坚老奸巨猾，忙摆手"固辞"称不敢当。刘昉激言道："公若为，速为之；不为，我自为也！"

当天，周宣帝就一命归天。刘、郑矫诏以杨坚总领中外兵马事。宣帝死，刘、郑等人暂不公开，杨坚又以诏书的名义控制了京师卫戍军队，基本控制了朝廷。三天后，杨坚等人才正式宣布宣帝已死的消息，8岁的周静帝即位，以杨坚为假黄铖、左大丞相，掌握军事、政治全权。杨坚深知自己的地位还不巩固，需要采取一系列措施。

为了建立自己的统治核心，杨坚自任丞相，设丞相府，同时拉拢真正具备政治才能的高颎等人作为自己的亲信。这个时候，杨坚实际上已代替朝廷成为真正的决策者了。

周静帝即位后，他叔父汉王宇文赞以皇叔身份入居禁中，常与杨坚同帐列坐，听览政事。杨坚觉得这个宗室很碍事，就指使刘昉让他离开。于是刘昉就送上几个绝色美女，趁机对宇文赞说："大王您乃先帝之弟，众望所归。少帝年幼，岂堪大事。您不如先回私第，等候佳音，待事宁之后，肯定我们会迎您入宫做天子。"宇文赞只是个十五六岁的好色少年，性识庸下，觉得刘昉好人好语，就相信了他的话。马上携美女、属官出宫，回府了。这样，杨坚排除了最近的潜在的干扰。但真正威胁杨坚的是已经成年并各居藩国的宇文泰的五个儿子：宇文招、宇文纯、宇文盛、宇文达、宇文逌。

这五人均封为王，既有实力，又有影响，一旦起兵，杨坚将很难控制局面。但杨坚的高明之处在于他能先人一步，就在周宣帝刚死的时候，杨坚就矫诏征在外拥强兵坐重镇的宗室五王入京朝见。杨坚便借口召他们回长安的时候，收缴了他们的兵权印符。五王入见，才知道周宣帝已死，无奈之下，只得各返他们在京城的王府，伺机行事。

这个时候，外间拥兵的周朝贵臣纷纷起兵，其中相州总管尉迟迥、青州总管尉迟勤、郧州总管司马消难、以及益州总管王谦等数十万大军影响颇大，他们此起彼伏，遥相呼应。

危急时刻，杨坚想派心腹刘昉与郑译出外监军平叛，但刘昉、郑译以各种理由推托。这时，府司录高颎自告奋勇出战，杨坚大喜，定下心神，派遣韦孝宽、梁士彦、宇文忻、崔弘度等名将到各处策划、征讨。

与此同时，在京师的周室诸王也积极行动起来。其中，赵王宇文招就想设宴伺机杀掉杨坚。

宇文招邀请杨坚到他的王府喝酒。杨坚明知有陷阱，但当时因外乱未平，谨慎的他还不想和诸王彻底决裂，又怕被对方毒死，就自己带酒入赵王府。赵王宇文招的两个儿子宇文员、宇文贯以及妃弟鲁封都在左右，佩刀而立，又藏刃于帷席之间，伏壮士于室后。根据惯例，大臣见宗室于府邸，卫士皆不得入内，所以杨坚身边只有官职为大将军的堂弟杨弘和亲信元胄两人在门口守卫。

宇文招亲自以佩刀割切瓜果，然后以刀尖插瓜，递至杨坚面前。

这时门口的元胄看出情势不对，冲入室内，对杨坚说："相府有事，不可久留！"

赵王宇文招正要一刀朝杨坚嘴里捅过去，忽然见元胄闯入，斥责道："我和丞相讲话，你是什么东西！"

元胄不仅不退，"瞋目愤气，扣刀入卫"。正僵持之间，门外有传滕王来府。杨坚依礼，降阶迎候。趁此机会，元胄附耳言道："事势古怪，请马上离开！"杨坚不听，又入座与新来的滕王互敬互饮。趁杨坚降阶与滕王寒暄时，赵王已下令王宫卫士准备动手。机警的元胄再也不顾礼仪，冲至坐榻前，高喊："相府有众多急务，杨公您应该马上离开！"说着话，元胄连搀带拽，扶起杨坚就往屋外走。宇文招见状也急，想追出门去杀掉杨坚，但被元胄挡住门口，无法出门。杨坚一路小跑，回到相府门口才敢喘口气，此时，元胄也跟了上来。

宇文招文武双全，这次丧失了诛杀杨坚的大好机会，同时也敲响了宇文皇族的丧钟。

不久，杨坚就诬宇文招谋反，以周静帝的诏令名义诛杀宇文招及其三子、二弟。其后杨坚将五王一一除灭。紧接着，杨坚宣布废除周宣帝时的严刑峻法，停止洛阳宫的修建，以此取得广泛支持。这样，杨坚在京师的统治已基本稳固。接下来，杨坚着手巩固自己在外面的权力，他一方面利用自己已经取得的政治优势拉拢地方将领，对反对者进一步分化瓦解；另一方面，继续征战，经过半年的战争，地方武装反抗被全部平定，从此，杨坚控制了北周政局。

自宣帝死后，杨坚要做皇帝已是众人皆知。

杨坚在平定武装反抗的过程中，采取了一系列措施为自己做皇帝做准备。他宣布自己由左丞相改任大丞相，废左、右丞相设置，很快又改称相国；同时让自己的长子杨勇出任洛阳总管、东京小冢宰，监督东部地方势力；杨坚由随国公改称随王，封独孤氏为王后，杨勇为世子，随王位在诸侯王之上；他废除所有对汉人的赐姓，令其各复本姓，这一措施得到汉人的普遍拥护，对他的统治起到了进一步巩固的作用。杨坚做皇帝的准备工作已基本完成后，于大象三年正月，派人为周静帝写退位诏书，内容主要是叙述杨坚的功德，希望杨坚按照舜代尧、曹丕代汉献帝的故事，接受皇帝称号，代周自立。

诏书做好后，由朝廷大臣到隋王府送给杨坚。杨坚假意推辞，在朝廷百官的再三恳求下，杨坚才同意接受。杨坚穿戴上早已准备好的皇帝服装，在百官簇拥下坐上皇帝的宝座。改元开皇，以长安为首都。

至此，杨坚终于凭借他的谨慎和谋略跨越了险河，实现了帝王梦。

### 🌸马上试一试🌸

成就大业是大多数人的梦想，要实现这一梦想需要完善谨慎性格，因为只有凡事谨慎才能做出周密计划，只有做出周密计划才能步步取得成功，只有步步取得成功才能实现最终的梦想。

# 4. 谨小慎微，方能防微杜渐

有人说，确定一个朋友之前，得先考验他，然后再去信赖他。犹太人大多具备这种谨慎的性格。在做事时也许我们不像犹太人这么谨慎，但是"防人之心"是必须要有的。

犹太人的谨慎性格与他们的生活环境有关，犹太人曾经生活在危险之中，如果稍微不谨慎就有可能导致生命的终结。所以，他们总是小心谨慎地行事，生怕因为自己的疏忽葬送了自己的生命。在他们的眼中，只有自己是信得过的，不管对谁，都不能轻易相信，轻信的结果是自取灭亡。

有这样一个表现犹太人谨慎性格的小例子：

一天，一个慈善组织的捐赠募员在一个小镇上挨家挨户地收集救济品。

天黑了，有位好心人让这位募员在他家住宿。第二天一大早，募员就出去做事了。募员走后，户主发现他携带的箱子上锁了，便在这个箱子上又加了一把锁。

晚上，募员回来了。他问户主："你为什么把我的箱子锁上了？"

"你的箱子是自己锁的啊，你上锁干吗？"户主反问道。

"是这样的。住在陌生人家里……要是有人拿我东西……我得防着点……"募员尴尬地回答道。

"不好意思……我也这样想……家里有陌生人……如果有人从我家里拿东西往箱子里放……"

这虽是一个幽默故事，但却从中可以看出两个犹太人均具有小心谨慎的性格。

"安全第一"是以色列人行事的首要前提，他们处处都非常小心，不仅如此，他们还培养孩子从小养成谨慎性格。以色列人会告诉自家小孩，世道险恶，处处得小心谨慎。马西姆的父母也不例外，所以小马西姆也养成了谨慎的性格。

一天，小马西姆在家无事可做，特别无聊。于是，他牵着他的小狗到离家不远的公路边上玩耍。他玩得正高兴的时候，一辆小汽车在他的身边停了下来，车里的一个人探出头来，冲着小马西姆说道："小朋友，从这到耶路撒冷还需要多长时间？"

"这个要看你以多快的速度行驶。"马西姆回答道。

"那么，你叫什么名字啊？"车里的这个人饶有兴致地问马西姆。

"我的名字和我爷爷的名字一样。"

"这样的话，你爷爷叫什么名字？"

"我的爷爷的名字和我爷爷的爷爷的名字一样，我们家族里的人都用爷爷的名字给小孩取名。"

"小朋友，你们家有几个孩子啊？"车里的人又问道。

"我妈妈叫几个孩子吃饭，我们家就有几个孩子。"

"你们吃饭的时候，需要多少个座位才能坐得下呢？"

"我们家在吃饭的时候，人人都有座位的。"马西姆依然谨慎如故地回答着。

小小的孩子竟然有如此谨慎的性格，真的令人惊叹！

谨小慎微方能防微杜渐。生活中，我们也应该像犹太人学习，借鉴他们的生存法则，不断完善自己的谨慎性格。

乘公交车的时候，如果身上携带巨额现金就要提高警惕，你不留意，小偷就会乘机下手。到那时，任凭你再后悔，小偷也不会把钱还给你的；还有，在外地出差的时候，要听从警察的劝告，不吃陌生人给的东西，不喝陌生人给的饮料。天上不会掉馅饼的，稍不注意，你就会被一些居心不良的人给"黑"了。此外，现在社会上的骗局越来越多，不知不觉中，也许就陷了进去，比如一天你突然接了个电话，说你中了什么奖，或者街上看起来能轻而易举地赢钱的娱乐游戏等，此时一定要谨慎，千万不要被这些坑人的伎俩蒙蔽了眼睛，更不要想不劳而获。

该谨慎的地方很多，要时刻注意。生活中，难免会遇到一些居心叵测的人，为了不让这些人得逞，为了不让自己吃亏，请尽快完善谨慎性格。

**✿马上试一试✿**

与人交往的过程中，性格马虎大意的人，往往容易轻信他人，结果可能上当受骗。而具备谨慎性格的人，就不会有这种危险，因为他们不会轻信他人，不会遗漏任何一个细节，所以也就不会遭到他人的蒙骗。

# 5. 谨言慎语，减少麻烦

所谓"祸从口出"，人在说话时谨慎些为好。尤其是在与对手或者掌握着你命运的人交谈时，更要时时提防，处处小心谨慎。

汉末时，刘备投靠刘表后，在新野驻军。一次，刘表请刘备到荆州相见，请他帮忙拿主意。

刘表有两个儿子：刘琦和刘琮。长子刘琦是前妻陈氏之子，次子刘琮是后妻蔡氏之子。在立后嗣时，刘表不知如何是好：如果废长立幼，有悖礼法；如果立长子为后嗣，又担心手握军务的蔡氏家族生乱。刘备建议道："自古废长立幼，取乱之道。若忧蔡氏权重，可徐徐削之，不可溺爱而立少子也。"不料，蔡夫人竟在屏后偷听他们说话。听到刘备如此说话，蔡夫人对他充满恨意。

刘备知道自己失言后，起身上了厕所。刘备发现自己大腿上的肉又长了起来，不禁潸然泪下。入座后，刘表见到他的脸上有泪痕，问他为何如此。刘备一声长叹后说道："备往常身不离鞍，髀肉皆散；分久不骑，髀里肉生。日月蹉跎，老将至矣，而功业不建，是以悲耳！"刘表听后说道："吾闻贤弟在许昌，与曹操青梅煮酒，共论英雄；贤弟尽举当世名士，操皆不许，而独曰：'天下英雄，唯使君与操耳'，以曹操之权力，犹不敢居吾弟之先，何虑功业不建乎？"此时，刘备乘着酒兴答道："备若有基本，天下碌碌之辈，诚不足虑也。"刘表听了刘备的这句话后，表现出"默然"的神情，"口虽不言，心怀不足"。

刘表入内宅后，蔡夫人建议他除掉刘备，以绝后患。她见刘表不同意，于是私下与其弟商议计策，欲除刘备……

刘备是否有图谋荆州之心，从他的以下表现可以看得很明确：

黄祖失守夏口后，刘表请刘备去荆州商议对策。刘表此时进退两难：如果南征，又怕曹操来袭；如果不南征，又咽不下这口气。他对刘备说："吾今年老多病，不能理事，贤弟可来助我。我死之后，弟便为荆州之主也。"刘备推辞出门。回到驿馆后，诸葛亮问他为什么不要荆州，刘备答道："景升待我，恩礼交至，安忍乘其危而夺之？"

诸葛亮初试牛刀，便在博望坡大败曹操十万大军。考虑到曹操会再次引兵来犯，诸葛亮让刘备乘刘表病重夺取荆州，以抵抗曹军进攻。刘备说："公言甚善；但备受景升之恩，安忍图之！"诸葛亮劝说道："今若不取，后悔何及！"刘备却说道："吾宁死，不忍做负义之事。"

曹操率领大军南征时，刘表已死。刘琮见难以与曹操抗衡，于是将荆州献给曹操。此时，有人建议刘备将刘琮擒下，然后夺取荆州，诸葛亮也同意这样做。刘备垂泪说道："吾兄临危托孤于我，今若执其子而夺其地，异日死于九泉之下，何面目复见吾兄乎？"于是，刘备收兵去樊城。

刘备固然想建功立业，但他并没有想过从刘表手中夺走荆州。然而，他因为一时疏忽，说了几句欠妥的话竟然引来了杀身之祸。正所谓说者无意，听者有心。所以在说话之前一定要经过谨慎的思考，然后再决定说什么，怎么说，以免对方将自己的话妄加揣测，招致大祸。

为了避免不必要的麻烦，在说话的时候要做到以下几点：

（1）不要多嘴多舌

生活中，免不了有这样一些人：心里藏不住话，听到什么、看到什么后，不管事情真相如何，就像大喇叭一样四处传播，这种行为是愚蠢的表现。所谓"病从口入，祸从口出"，说的就是多嘴多舌导致的后果。

有人认为："人长了一张嘴，如果不说话，不就浪费资源了吗？"当然，人长了嘴巴不用是不可能的，但是说话也要讲究分寸、技巧。大凡处事精明的人说话时总会留一手，做到该说的说，不该说的宁可烂在肚子里也不说。

（2）不要使言语产生歧义

说话前，必须谨慎地斟酌所说之话是否会产生歧义，尽量把话说得适宜、圆满，这样才能赢得别人好感，才算把话说得恰到好处。要知道一句容易产生歧义的话语，很可能破坏原本融洽的谈话气氛，为进一步交谈设置障碍。

（3）说话时要经过大脑

说话前一定得看场合、看时机，权衡一句话说出后的利弊。如果说话不看场合，不讲究方式，也不考虑后果，往往会惹出祸端，或遭人嫌厌。尤其是处世尚浅的青年人，社会阅历少、经验不足，大有一种初生牛犊不怕虎的气势，根本就没有想到"谨慎"二字，不管什么场合，不论时机适宜不适宜，口无遮拦、滔滔不绝。长此下去，必定会吃亏。

（4）不要乱传闲话

日常生活中，因说话惹出风波的事情，实在太多。不负责任地在背后瞎说，捕风捉影、四处乱传，闲言碎语、添枝加叶，给许多人造成痛苦和烦恼，有些还可能酿成人间悲剧。

有位文学家曾这样写道："害人的舌头比魔鬼还要厉害，上帝意识到了这一点，用他那仁慈的心，特地在舌头外面筑起一排牙齿，两片嘴唇，目的就是要让人们讲话通过大脑，审慎思虑后再说，避免出口伤人。

"好言一句三冬暖，恶言一句六月寒。"有时候，尽管自己说出的话没有好坏之分，也有可能造成"说者无心，听者有意"的现象。因此，说话的时候一定要谨慎，千万不要因为一句不恰当的话惹来不必要的麻烦。

### 🌸 马上试一试 🌸

性格谨慎的人不会因为说错话而招来不必要的麻烦，因为这一性格的人在说话时非常谨慎小心，在某些大型场合下绝对不会多说一句话，多行一步路，以免因为不经意的话而得罪他人，或招他人的厌烦。所以，人们在生活中还是要多加完善谨慎性格为好。

# 6. 着眼全局，不求暴利

一个性格谨慎的人，在做事时总会谨慎地着眼全局，不会因为贪图一时的暴利而去冒险，其实也只有这样的人才能够夺得最终的冠军。

"世界船王"包玉刚曾在中央信托局保险部工作。凭着自己的努力和在银行里积累的经验，他在短短七年的时间内不断提升，从普通职员升到了衡阳银行经理、重庆分行经理，直到最后的上海市银行副总经理。但就在这时，他却辞职了，因为他对银行业不感兴趣。

1949年初，包玉刚与父亲携着数十万元的积蓄到香港闯天下。拼搏几年，积攒了一些钱后，包玉刚决定在海洋运输业谋求发展。他一面说服父亲和其他家庭成员，一面详细了解有关船舶和航运的情况。

1955年，包玉刚顺利成立了"环球航运集团有限公司"，并与日本一家船舶公司谈妥，将"金安号"转租给这家公司，采取的是长期出租的方式。在众多同行眼中，包玉刚的这种做法是不可取的，因为短期出租不但能有高的收费标准，而且随时可以提高运价。包玉刚之所以这样做，是为了谋求长期而稳定的收入。他曾对人说："我的座右铭是，宁可少赚钱，也不去冒险。"事实上，也正是这种经营方式使他最终坐上了世界船王的宝座。

为了能够使自己的航运事业迅速发展，包玉刚到处奔走，最终与香港汇丰银行建立了借贷关系。在后来的无数次借贷合作中，包玉刚以诚信为本，取得了汇丰银行的信任和支持。再后来，包玉刚作为"亚洲第一人"荣任汇丰银行董事。

1956年，由于埃以战争爆发，苏伊士运河关闭，海运业务十分兴旺。有人劝包玉刚趁机大赚一笔，但性格谨慎的包玉刚还是在不提高租金的情况下为东南亚的老雇主运货，以避免与实力雄厚的西方船主直接竞争。战争结束后的一段时期，西方大批商船无事可干，且要耗费惊人的费用去维修、管理船只，而那时的包玉刚正安稳地立足于东南亚，业务蒸蒸日上。

20世纪60年代初期，包玉刚把他的租船业务扩展到英美石油公司。尽管这些大公司把价格压得很低，但因租期长，同样有利可图。就这样，包玉刚谨慎地从大局出发，每走一步都谨慎小心，最终在海运这个充满风险的行业中脱颖而出。

1974年，闻名世界的希腊船王奥纳西斯在美国拜访了包玉刚，风趣地对他说："搞船队虽然我比你早，但与你相比，我只是一粒花生米。"事实上，奥纳西斯的比喻一点也不夸张，包玉刚的环球航运集团在几年以后达到巅峰时刻，船队船总数超出200艘，总吨位达2000万吨。不久后又增加到2100万吨，比美国和苏联所属船队的总吨位还要大，包玉刚无疑成了名副其实的"世界船王"。

### 🌸 马上试一试 🌸

完善了谨慎性格后，在做事业时，才不会被一时的利益而蒙蔽双眼，不会被众人的行为所牵引行事。这样，才会从全局着眼，做出对事业有长远利益的决策，最终才能在那些利欲熏心的人们都惨遭失败的时候，成为独领风骚的最大赢家。这就是完善谨慎性格的最大益处。

# 7. 居安而思危，时时刻刻有忧患意识

宋太祖赵匡胤是一个性格谨慎的人，这从他"杯酒释兵权"一例中就可以得到体现。他大可以直接削去功臣将领们的兵权，但是，谨慎性格促使他时时不忘"防患于未然"，出于对长远利益的考虑，他选择了以婉转的方式，使亲信们主动交出兵权，这不但达到了目的，而且也不会使这些人因不满而做出对朝廷不利的事情。

宋太祖建立宋朝后，面临的难题是如何加强中央集权，防止分裂割据局面再现。于是，宋太祖在赏赐将帅拥戴之功的同时，实施军职的人事变动，并借机罢黜一些将领，意在安排自己的心腹和亲信担任最重要的职位，如韩重、石守信等，他们是太祖义社十兄弟的成员。但是，一向谨慎的宋太祖仍然不放心，他认为军权都掌握在自己的心腹和亲信手里，并不算高枕无忧。经过反复斟酌后，他决定采取措施解决这些问题，以免重蹈前代"兴亡以兵"的覆辙。

这年七月初的一天，宋太祖如同往常一样，召来石守信、王审琦等高级将领聚会饮酒。酒酣耳热之际，宋太祖打发走侍从人员，无限深情地对功臣宿将们说："如果没有诸位的竭力拥戴，我绝不会有今天。对于你们的功德，我一辈子也不能忘记。"说到这儿，宋太祖口气一转，感慨万千，说，"做天子实在太艰难了，我现在很难安安稳稳睡觉啊！"将领们不知宋太祖的真实意图，就问："陛下遇到什么难事睡不好觉呢？"

宋太祖平静地回答说："其中缘由不难知晓，你们想想看，天子这个宝位，谁不想坐一坐呢？"石守信等人听到昔日的义社兄弟、今日的天子说出这番话来，不禁惶恐万分，冒出一身冷汗，宴会的气氛立即紧张起来，他们赶紧叩头说："陛下怎么说出这样的话呢？如今天命已定，谁还敢再有异心！"

宋太祖接过话头说："不能这样看，诸位虽然没有异心，然而你们的部下如果出现一些贪图富贵的人，一旦把黄袍加盖在你们身上，即使你们不想做皇帝，能办得到吗？"众将领这才转过弯来，终于明白了宋太祖的真实意图，于是一边涕泣大哭，一边叩头跪拜，说："我们愚笨，没有想到这一层上来，请

陛下可怜我们，给我们指出一条生路。"

宋太祖见状，知道时机成熟，趁势说出了自己经过深思熟虑的想法："人生短暂，转瞬即逝，那些梦想大富大贵的人，不过是想多积累些金钱，供自己吃喝玩乐，好好享受一番，并使子孙们过上好日子。诸位何不放弃兵权，到地方上去当个大官，挑选好的田地和房屋，为子孙后代留下一份永远不可动摇的基业，再多多置弄一些歌女舞女，寻欢作乐，安度晚年。到那时候，我再同诸位结成儿女亲家，君臣之间互不猜疑，上下相安，这样不是很好吗？"

石守信等人听太祖这样一说，惊慌恐惧之态逐渐消失，感恩戴德之情油然而生，于是叩头拜谢说："陛下为我们考虑得如此周全，真可谓生死之情、骨肉之亲啊！"

第二天，石守信等功臣宿将纷纷上书称身体患病，不适宜领兵作战，请求解除军权。宋太祖十分高兴，立即同意他们的请求，解除了他们统帅禁军的权力，同时赏赐给他们大量金银财宝。

宋太祖成功解除众臣兵权，史家称之为"杯酒释兵权"。性格谨慎的宋太祖为了保证刚刚稳定的政权不被动摇，他没有沿用历史上一些君主惯用的屠杀功臣的办法来解决问题，而是谨慎地采取委婉的方式让部下主动交出兵权。

只有具备谨慎性格的人才能采取这样委婉又巧妙的方式达到自己的目的。只有这样才能安定人心，巩固统治秩序。

有些人认为，一个君王如果行事谨小慎微，那是没有魄力的表现。其实这是错误的看法。因为魄力与谨慎两者之间并不矛盾，所以也构不成对立关系。而且谨慎性格还是一个君王应该具备的性格，因为谨慎性格的人，才能够凡事从全局考虑，事事都不忘为长远打算。

### 🌸 马上试一试 🌸

完善谨慎性格是非常必要的，谨慎有时甚至要比魄力还重要。因为，性格谨慎的人无论在言语还是行事上，都不会给他人带来不应该的伤害，这样就不会给自己造成不必要的麻烦。

# 8. 审慎交友，宁缺毋滥

朋友宁缺毋滥。因为，好朋友可成事，坏朋友会坏事，所以结交朋友一定要谨慎。

朋友是一个人交际生活中的重要组成部分。选择志同道合的人与之交心，是人生的一大乐事，但是在交友时，需要对其深入了解，然后再谨慎地做出选择。

（1）交友必须谨慎

交朋友时一定要注意，以志同道合者为目的。在选择朋友前，首先要明确自己需要什么样的朋友，哪种朋友会对自己的发展有帮助，哪种朋友值得你去与之交心。有些人认为，那种只要你对我好，我也对你同样好；你敬我一尺，我敬你一丈；你为我赴汤蹈火，我也会为你两肋插刀的朋友就是知己。他们根本没有考虑过，这样的朋友到底适不适合自己，是不是与自己志同道合。在这些朋友中，或许有讲吃讲喝者、讲玩讲闹者，还可能存在为非作歹、流氓地痞之类的人。正所谓"近朱者赤，近墨者黑"，即使你与这些人道不同，但久而久之有可能会受他们影响，人生之路也会偏向。

所以，在结交朋友时，一定要有宁缺毋滥的原则，慎重地选择朋友，绝对不能让那些道德品行不端的人混入你的人脉网中，以避免造成不良后果。

现实生活中，很多犯罪分子并不是天生就想做坏事，而是与一些不良分子做朋友，久而久之也染上了恶习，不慎走上了违法犯罪的道路，不仅断送了自己的前程、理想和事业，也伤害了关心他的人。

某法制报曾经刊登了这样一篇发人深省的报道，题目是：《一个企业家的毁灭》。

赵某是某建筑安装工程公司的经理，由于工作的原因，结交了很多朋友。一天，赵某和一个朋友一起出去消遣。吃喝玩乐过后，朋友把他带进一家豪华宾馆，并开了个高档房间，二人闲谈时朋友递给他一支香烟。赵某没有一点防范随便接过来就抽了，没过多久，他感觉这支烟与其他香烟不同，询问之下才知道，朋友给他吸的是装有毒品的香烟。

初次吸毒的体验让赵某染上了毒瘾。于是，他再次找到那位朋友，又向他要了一些。从此以后，赵某便一发不可收拾，毒瘾的折磨使他没有心思打理公司事务，贤惠的妻子也因此遭到冷落，以前辛苦积攒下来的家产大部分都被他用来购买毒品了。起初，妻子对他还抱有一丝希望，规劝他去戒毒所戒毒，赵某也痛下决心，可两次进戒毒所，都无功而返。妻子对他失望至极伤心地离他而去。最终，赵某选择了以自杀的方式，结束了自己的生命。

读完以上的故事，是否认识到交友不慎的危害呢？走向社会以后，会遇到形形色色的人，交朋友时，一定要擦亮眼睛去观察，看他是否与你志同道合，是否值得你以诚相待。

（2）宁缺毋滥

朋友不在多，而在精。这是人们在交朋友中总结出来的经验。"朋友遍天下，知心有几人。"要告诉人们的就是朋友可得，知己难求。人们需要的是知己，而不是与你貌合神离、心怀鬼胎、处处想算计你的朋友。更何况每个人的精力都是有限的，如果不加选择，把所有与你有一面或数面之缘的人统统纳入朋友的范畴并以此为荣，整日忙于应酬，将所有的时间和精力全部投入到这些不甚了解的人身上，这样必然会影响自己正常的工作、学习和生活。

人们应该结交思想健康、品德高尚的人，并向这样的人学习从而提高自己，也可以修身养性，还可以同化他人，正所谓"见贤思齐"。如果能交到一位这样的朋友，岂不是受益很多吗？

这样既不会造成朋友多而不精的后果，也不会为一些居心不良分子创造害人的机会。

生活中，确实存在着这样一种人，以结交众多朋友为荣，可以说上至达官贵人下至三教九流，无一不当作朋友。严格地说，这并不是在创造美好幸福的人生，而是对自己的生命、财产、人生不负责任的一种表现。

虽然说多交些朋友不是什么坏事，但是，朋友在精而不在多，一味地贪多，把什么样的人都当作自己的好朋友去真心相待，早晚会吃"朋友"的亏，毕竟人心难测。所以，交朋友还是谨慎些好，贪多不如求精。

马上试一试

谨慎性格的人，往往能够得到真正的朋友。因为他们在选择朋友的时候没有像一些性格比较马虎随性的人那样盲目。他们在择友时不但经过全面测评，多方观察，而且还通过侧面的调查和了解，最终才决定哪一个是值得自己真诚相待的人，哪一个只需要对其表面寒暄。

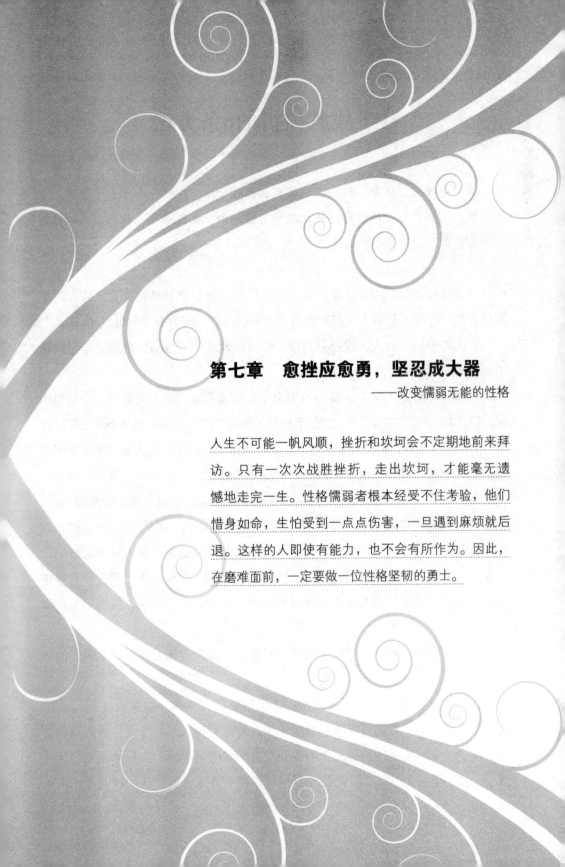

# 第七章　愈挫应愈勇，坚忍成大器

## ——改变懦弱无能的性格

人生不可能一帆风顺，挫折和坎坷会不定期地前来拜
访。只有一次次战胜挫折，走出坎坷，才能毫无遗
憾地走完一生。性格懦弱者根本经受不住考验，他们
惜身如命，生怕受到一点点伤害，一旦遇到麻烦就后
退。这样的人即使有能力，也不会有所作为。因此，
在磨难面前，一定要做一位性格坚韧的勇士。

# 1. 战胜挫折的6条方法

　　人不能够决定出身，但却能够改变自己的命运。即使一个人生于苦难，长于苦难，只要有坚韧的性格，树立起坚定的志向，就能够经受住一次次的挫折且愈挫愈勇，成为社会中的强者。

　　"自古英雄多磨难，从来纨绔少伟男"说的就是坚韧性格造就人才，许多家境贫寒、环境不利的人，都能凭借自己坚韧性格，努力奋斗取得成功。

　　贫困对于所有的人来说都是逆境，但是面对贫困，性格上的强者能勇敢地正视贫困而不自卑，并以行动战胜它。

　　有个叫师彪的大学生，他1975年出生在甘肃省定西市安定区的一个贫穷山村，6岁时父亲重病去世，9岁时母亲摔断了腿成了终身残疾。他从小学三年级开始一直到中学毕业，都是边上学边给人干杂活挣钱。但贫困没有削弱他求知的欲望，他终于在与贫困的抗争中以自己的聪明和毅力考上了大学。考大学前夕，母亲又离开了人世。成了孤儿的他带着4000多元的债务走进了大学的校园。

　　入学后他不申请特困补助，不要求减免学费，他一边读书，一边做家教挣钱，每月的生活费控制在90多元。他总是吃最便宜的菜，从不见他添过一件新衣服，他把做家教挣来的钱全部寄回家乡还了债。面对贫困，师彪没有丝毫沮丧，他说，对于健康人来说，贫困不是障碍。对于强者来说，贫困更不是障碍。

　　现实生活中，像师彪这样坚强的人有很多，张希玲便是其中一个很好的例子。

　　张希玲是吉林省九台区东北角一个最贫穷小村落的一位家庭主妇，在丈夫长年重病卧床不起的情况下，靠她一个人养猪和种烟草来维持生活，而且使五个孩子在家境极贫困的情况下没承受免交学费的自卑感，都很体面地和其他孩子一样交学费上学读书。这位刚强的母亲唯一要求儿女回报的就是考试第一名。孩子们不负母亲重望，五个人都先后考上了大学。邻居们都说："聂家的孩子是天才。"殊不知他们的心中有一个最原始最伟大的动力，那就是他们的最尊敬的母亲———一个普普通通但又不畏贫困的刚强母亲。

人生随时都可能碰到逆境，逆境是把双刃剑，它既能使人坚强，也会使人脆弱，从来没有人能在经历磨难后而毫无改变。只是有的人能够战胜和超越逆境并站立起来，而有些人则被逆境击垮。在逆境中站起来的是强者，被逆境击垮的是弱者。弱者在逆境面前只看到困难和威胁，只看到所遭受的损失，后悔自己的行为或怨天尤人，因而整天处于焦虑不安、悲观失望、精神沮丧等负面情绪之中。而强者却能勇敢战胜逆境。正如鲁迅所说："真的猛士敢于直面惨淡的人生，敢于正视淋漓的鲜血。"古今中外，强者的感人事迹不胜枚举。

宝剑锋从磨砺出，梅花香自苦寒来。只有经历了风雨的彩虹才会放出美丽的光彩。

即使你遇到再多的挫折，也不要在它的面前浑身发抖。道理很简单，只有承受挫折的打击，才能更加成熟起来，更加有利于不败的人生！

有人说世界上没有一条道路是平坦通畅的，挫折和坎坷总是会在一个地方等着你。不论学习、工作，还是与别人的交往中都会遇到各种各样的挫折，面对接连不断的打击，有的人不禁慨叹："为什么受伤的总是我？"

在生活中，人们有许多需要，其中交往的需要是人人都有的。当一个人在交往过程中受到自身条件的限制，或外界各种各样的困难、阻碍时，交往挫折就产生了，挫折对人们的生活和工作往往有重大影响，轻则使人苦恼、懊丧、压抑、紧张，重则使人发生心理反常，甚至可能导致身心疾病。在这种消极心理状态下，有的人会攻击、反抗以至于产生破坏性行为，有的人会消极、悲观、丧失生活的信心，当然也有的人会化消极为积极，从挫折中吸取教训，变被动为主动，使挫折变为激励自己前进的动力。

在生活中，我们该怎样正确对待挫折？更好地完善坚强的性格呢？

（1）对自己应有正确的评价

交往挫折往往发生在对自己缺乏正确评价，对困难缺乏足够估计，对生活缺乏全面认识的人身上。如遇到挫折时，不要垂头丧气或是怨天尤人，首先要冷静地分析受挫的原因。如果真的是自己不善的言谈得罪了别人，自己要勇于向别人承认错误，谨慎行事，严格要求自己；如果是他人的原因，也不必过分责怪，不必放在心上，因为"群众的眼睛是雪亮的"，"谣言不攻自破"，别人会给你正确评价的。

（2）保持乐观的情绪，是减少挫折心理压力的好方法

人们在遇到挫折时，情绪变化是特别明显的。性格坚韧、心胸博大的人，面对挫折造成的苦闷就可能及时疏泄。不善言谈的人，要保持乐观的情绪状态，就需要一定方法的调节，如听一听音乐，做一些自己感兴趣的事转移自己的注意力。看一些化消极为积极的名人典故，激励和鼓舞自己不能因小小的困难就停止了自己前进的脚步。我们可以通过各种方法与困难做斗争。万万不可困难当前，不攻自破，让困难左右了我们。

（3）学会幽默，自我解嘲

一个人有了缺点，而又不能接受，常会感到挫折。倘若你学会幽默，能接受自己的缺点进行自我解嘲，便能消除挫折感，更能融洽人际关系。

（4）要沉着冷静，以其人之道，还治其人之身

众所周知的《晏子春秋》中的晏子出使楚国的故事中，面对楚国人嘲弄晏子个子矮小，晏子沉着冷静，不慌不怒，机智地进行反击；面对楚国的攻击，晏子措辞巧妙，给对方以有力回击，转被动为主动。

（5）移花接木，灵活机动

在对自己有正确评价的基础上，确定目标，倘若你原来的目标无法实现，千万不要勉强为之，可由接近的目标来代替，以免产生挫折感。例如，由于身体原因不能做舞蹈家，那么就不要在这方面耗费时间和精力，可以发挥自己有经验和专业知识的特长，做编导，这样的效果不比原来追求的效果差。

（6）再接再厉，锲而不舍

当遇到挫折时，勇往直前，你的目标不变，方法不变，而努力的程度加倍，就会有所收获。

有一位叫文波的女孩，她上学的时候，一直对小玉很好，俩人是知己。刚开始接触时，小玉不愿接受文波的友好，总是不理不睬，但文波对她一如既往，终于真情感动了小玉，两人成了人人羡慕的知心朋友。这件事中，文波受到挫折后没有放弃而是继续努力，终于获得了人间最真诚的友谊。

以上六条战胜挫折的方法，不外乎就是坚持、坚韧、坚强，凡事只要坚持朝着积极的、成功的方向前进，那么总会有成功的一天。

挫折是性格懦弱者的天敌，是性格坚韧者的动力。正确地面对挫折，不断地完善坚韧性格，你将会拥有一片属于自己的天空。

# 2. 忍住性情，冲动容易坏事

无论是性格懦弱还是坚强的人，都会有七情六欲。不同的是，坚强者在遇到外界的不良刺激时不会失去理智，而会克制自己的情绪，不让自己陷入困境中；懦弱者将会因情绪激动而发火、愤怒，不计后果地行事。显然，懦弱者的做法是不可取的。

清人傅山说过：愤怒正到沸腾时，就很难克制住，除非"天下大勇者"。中国古语讲："小不忍则乱大谋。"如果你想和对方一样发怒，你就应想想这种爆发会发生什么后果。如果发怒必定会损害你的身心健康和利益，那么你就应该约束自己、克服自己，无论这种自制是如何吃力。

汉初名臣张良，年轻时外出求学曾遇到一件令他终生难忘的事。

一天，张良在下邳桥上遇到一个穿着粗布衣服的老人，他半闭着眼睛坐在那里，见张良过来，故意将鞋子"掉"到桥下，冲着张良说："小子，下去给我把鞋捡上来！"张良听了一愣，本想发怒，因为看他是个老年人，就强忍着到桥下把鞋子捡了上来。老人说："给我把鞋穿上。"张良想，既然已经捡了鞋，好事做到底吧，就跪下来给老人穿鞋。老人穿上后笑着离去了。一会儿又返回来，对张良说："你这个小伙子可以教导。"

于是约张良再见面。这个老人在几日后的见面中给张良传授了《太公兵法》。后来，张良追随刘邦，运筹帷幄，决胜千里，开创了汉朝。

老人考察张良，就是看他有没有遇辱能忍的自我克制的修养，他认为有这种修养的人，才是"孺子可教也"，今后才能担当大任，处理各种复杂的人际关系和艰巨的事情，才能遇事冷静，知道祸福所在，不意气用事。

我们在平时也要注意这种修养，克制，忍耐，处理好所遇到的人和事，才能磨炼出适应社会、时代的坚韧性格。

南北战争时的美国总统林肯说得好："与其为争路而让狗咬，不如将狗让。即使将狗杀死，也不能治好受伤的伤口。"唐代僧人寒山曾写诗道："有人来骂我，分明了了知（心里明明白白）。虽然不应对，却是得便宜。"这话大有玩味。

明人吕坤对忍耐理解得很透彻，早在四百多年前就说过："忍、激二字是福祸关。"所谓忍是忍耐，激是激动。二者不同之处在于能不能克制，能忍住就是福，忍不住就是祸。所以要认真把好这一关。

中国古代作战时，一方守城，一方攻城。守城的将护城河的吊桥高高吊起，紧闭城门，那攻城的便无可奈何。实在不行，攻城的便在城下百般秽骂，非要惹得那守城的怒火中烧，杀出城来——攻城的就可以乘机获胜了。兵法上这叫"激将法"。但如果守城的能克制忍耐，对方也就无计可施了。敌我作战需要有克制忍耐的大将风度，就是日常生活中待人处世也须有克制忍耐的涵养。

在法国发生了这样一件事情：

阿兰·马尔蒂是法国西南小城塔布的一名警察，这天晚上他身着便装来到市中心的一间烟草店门前。他准备到店里买包香烟。这时店门外一个叫埃里克的流浪汉向他讨烟抽。马尔蒂说他正要去买烟。埃里克认为马尔蒂买了烟后会给他一支。

当马尔蒂出来时，喝了不少酒的流浪汉缠着他索要烟。马尔蒂不给，于是两人发生了口角。随着互相谩骂和嘲讽的升级，两人情绪逐渐激动。马尔蒂掏出了警官证和手铐，说："如果你不放老实点，我就给你一些颜色看。"埃里克反唇相讥："你这个混蛋警察，看你能把我怎么样？"在言语的刺激下，二人扭打成一团。旁边的人赶紧将两人分开，劝他们不要为一支香烟而发那么大火。

被劝开后的流浪汉骂骂咧咧地向附近一条小路走去，他边走边喊："臭警察，有本事你来抓我呀！"失去理智、愤怒不已的马尔蒂拔出枪，冲过去，朝埃里克连开四枪，埃里克倒在了血泊中……

法庭以"故意杀人罪"对马尔蒂作出判决，他将服刑30年。一个人死了，一个人坐了牢，起因是一支香烟，罪魁是失控的激动情绪。

生活中我们常见到当事人因不能克制自己，而引发争吵、谩骂、打架，甚至流血冲突的情况。有时仅仅是因为你踩了我的脚，或一句话说得不当。在乘坐地铁时争抢座位，在公交车上挨了一下挤，都可能成为引爆一场口舌大战或拳脚演练的导火索。在社会治安案件中，相当多的案件都是由于当事人不能冷静地处理事情而发生的。其实，总结起来皆因为人们普遍缺乏坚韧性格所致，如果完善了这一性格，那么就能够很好地控制自己的性情，也就不会因为一些不值得的小事而发生口角。

### ❀ 马上试一试 ❀

如果你忍不住别人的刺激又快要如火山一样爆发时，就试一试美国总统杰弗逊所教的方法："生气的时候，开口前先数到十，如果非常愤怒，先数到一百。"坚韧性格就是这样一点点地磨炼出来的。

# 3. 忍辱负重，等待时机

当遇到不平的待遇、受到莫名的侮辱后，性格坚韧的人会在时机不利时忍辱负重，待时机有所好转时为自己洗刷冤屈。这种做法是明智的，因为一味地猛打猛冲只会换来更大的侮辱。

吕布袭取了徐州后，袁术立即派人来到吕布处，用"粮五万斛、马五百匹、金银一万两、彩缎一千匹"作为条件，希望他能够与自己合力夹攻刘备。吕布很高兴，于是派高顺率兵从背后袭击刘备。刘备得知后，立即向东夺取广陵。当吕布向袁术讨要东西时，袁术却拒绝了。

吕布听从了谋士陈宫的建议，将刘备请回小沛。吕布假惺惺地对刘备说道："我非欲夺城；因令弟张飞在此恃酒杀人，恐有失事，故来守之耳。"刘备回答道："备欲让兄久矣。"回到小沛后，张飞、关羽二人都愤愤不平，刘备劝他们说："屈身守分，以待天时，不可与命争也。"

后来，刘备借助曹操的力量除掉了吕布。

徐州本来是陶谦让给刘备的，吕布却将其据为己有。刘备虽然想要回徐州，但吕布肯定不会拱手奉还。在这种情况下，刘备只有忍耐，等待机会。否则，不仅得不到徐州，而且性命难保。

唐代武则天专权时，为了给自己当皇帝扫清道路，先后重用了武三思、武承嗣、来俊臣、周兴等一批酷吏，以严刑峻法、奖励告密等手段，实行高压统治，对抱有反抗意图的李唐宗室、贵族和官僚进行严厉镇压，先后杀害李唐宗室贵戚数百人，接着又杀了大臣数百家；至于所杀的中下层官吏，就多得无法统计。

武则天曾下令在都城洛阳四门设置"瓯"（意见箱）接受告密文书。对于告密者，任何官员都不得询问。告密核实后，对告密者封官赐禄；告密失实，并不受罚。这样一来，告密之风大兴，不幸被株连者不下千万，朝野上下，人人自危。

一次，酷吏来俊臣诬陷平章事狄仁杰等人有谋反行为。来俊臣出其不意地先将狄仁杰逮捕入狱，然后上书武则天，建议武则天下旨诱供，说什么如果罪犯承认谋反，可以减刑免死。狄仁杰突然遭到监禁，既来不及与家里人通气，也没有机会面奏武后，说明事实，心中不由焦急万分。

审讯的日子到了，来俊臣在大堂上读武则天的诏书，就见狄仁杰已伏地告饶。他趴在地上一个劲地磕头，嘴里还不停地说："罪臣该死，罪臣该死！大周革命使得万物更新，我仍坚持做唐室的旧臣，理应受诛。"狄仁杰不打自招的这一手，反倒使来俊臣弄不懂他到底唱的是哪一出了。既然狄仁杰已经招供，来俊臣将计就计，判他个"谋反属实，免去死罪，听候发落"。

来俊臣退堂后，坐在一旁的判官王德寿悄悄地对狄仁杰说："你也要再诬告几个人，如把平章事杨执柔等几个人牵扯进来，就可以减轻自己的罪行。"狄仁杰听后，感叹地说："皇天在上，厚土在下，我既没有干这样的事，更与别人无关，怎能再加害他人？"说完一头向大堂中央的顶柱撞去，顿时血流满面。

王德寿见状，吓得急忙上前将狄仁杰扶起，送到旁边的厢房里休息，又赶紧处理柱子上和地上的血渍。狄仁杰见王德寿出去了，急忙从袖中抽出手绢，蘸着身上的血，将自己的冤屈都写在上面，写好后，又将棉衣撕开，把状子藏了进去。一会儿，王德寿进来了，见狄仁杰一切正常，这才放下心来。

狄仁杰对王德寿说："天气这么热了，烦请您将我的这件棉衣带出去，交给我家里人，让他们将棉絮拆了洗洗，再给我送来。"王德寿答应了他的要求。

狄仁杰的儿子接到棉衣，听到父亲要他将棉絮拆了，就想：这里面一定有文章。他送走王德寿后，急忙将棉衣拆开，看了血书，才知道父亲遭人诬陷。他几经周折，托人将状子递到武则天那里，武则天看后，弄不清到底是怎么回事，就派人把来俊臣叫来询问。来俊臣做贼心虚，一听说武则天要召见他，知道事情不好，急忙找人伪造了一张狄仁杰的"谢死表"奏上，并编造了一大堆谎话，将武则天应付过去。

又过了一段时间，曾被来俊臣妄杀的平章事乐思晦的儿子也出来替父申冤，并得到武则天的召见。他在回答武则天的询问后说："现在我父亲已死了，人死不能复生，但可惜的是法律却被来俊臣等人给玩弄了。如果太后不相信我说的话，可以吩咐一个忠厚清廉，你平时信赖的朝臣假造一篇某人谋反的状子，交给来俊臣处理，我敢担保，在他酷虐的刑讯下，那人没有不承认的。"

武则天听了这话，稍稍有些醒悟，不由想起狄仁杰之案，忙把狄仁杰召来，不解地问道："你既然有冤，为何又承认谋反呢？"

狄仁杰回答说："我若不承认，可能早死于严刑酷法了。"

武则天又问："那你为什么又写'谢死表'上奏呢？"

狄仁杰断然否认说："根本没这事，请太后明察。"

武则天拿出"谢死表"核对了狄仁杰的笔迹，发觉完全不同，才知道是来俊臣从中做了手脚，于是，下令将狄仁杰释放。

有时候，忍耐是为了保存实力，而硬碰硬则会让自己吃大亏。忍耐与"宁为玉碎，不为瓦全"、"士可杀不可辱"这种做人态度似乎有些背道而驰。人们的内心深处早已经给英雄下了一个定义：大丈夫就应该具备"士可杀不可辱"、"宁为玉碎，不为瓦全"的豪情，只有这样才不愧人们那句英雄的赞语，而那些忍辱的人却被扣上了懦弱而无能的帽子。就此看来，人们的这种思想似乎有些偏激。忍耐也要分清状况，但是这里所说的忍耐是为了更好地隐藏，以便寻找东山再起的机会，而不是要人们向困难、权贵永远地低头。正所谓"留得青山在，不怕没柴烧"，是忍辱负重的最好诠释。

宁折不弯虽然是做人的一个原则，但是，忍辱负重却是为人处世的一种智谋，结果都是为了达到某种目的。

用忍耐应对不利的局面是高明的办法，当人们遇到一时难以解决的问题时，以忍耐应对当前的屈辱与刁难是最理想的方法。很多人都无法体会到忍耐的好处，取而代之的是冲动、过激的行为，其实，适时地忍耐一下，以退为进，可以改变局势，转败为胜。

### 马上试一试

忍耐是大智者的性格，又是一种生存智慧。在中国历史上大凡有智慧的人在面临危险时，都能从大局考虑，以忍化解险情，求得生存，然后再伺机而动，取得胜利。所以，人们应该学习大智者，完善坚韧性格。

# 4. 能吃苦中苦，敢迎难上难

没有人愿意吃苦受累，但要想成就一番事业，该吃的苦就得吃。对绝大多数人来讲，优质的生活都是靠自己吃苦受累得到的。性格懦弱的人是怕吃苦的人，他们不愿意付出，自然难以得到回报，只能得过且过，一辈子做庸人。

孟子说过："天将降大任于斯人也，必先苦其心志，劳其筋骨，饿其体肤，空乏其身，行拂乱其所为，所以动心忍性，增益其所不能。"孟子的这段话蕴涵着深刻的哲理，两千多年来一直激励着有志之士克服了无数的艰难困苦，成就了伟大的事业。我们不相信什么上天的意志，但是一个人要想干成大事业，担当大责任，必须从精神到肉体都能承受住常人所难以想象的磨炼。为什么呢？因为安乐的境遇容易消磨人的意志，使人萎靡不振，无所事事；而艰难困苦的境遇则使人奋发，从而求得生存和发展，也就是"生于忧患，死于安乐"。孟子还举了6个古代的大贤为例：舜发迹自田地中间，傅说举自筑墙的人中间，胶鬲举自鱼盐贩子中间，管夷吾任用自狱官手里，孙叔敖腾达自隐居的海边，百里奚崛起自市井。由此可见，艰难困苦乃是人才成长的必要条件，如果能经受住艰难境遇的重重考验和磨炼，那么就多了一份成功的把握。

如今，生活的磨难已经不像以前那样多，大多数人都能过上衣食无忧的生活。于是有人说了，现在没有条件吃苦了。其实并不是这样。吃苦的方式有很多种，勤奋便是其中的一种。尽管现在不需要卧薪尝胆，不需要凿壁偷光，但还是需要勤奋的。在奋斗的过程中，一个人的知识逐渐丰富，能力逐渐增强，成就一番事业的基础将越来越稳固。

一个屡遭失意打击的年轻人，千里迢迢寻找高僧，请其为未来的生活道路指点迷津。他来到一座寺庙，求见该寺庙的著名长老释圆。他沮丧地对长老说："人生总是不如意，同事看不起，老板不赏识，活着还有什么意思呢？"

释圆静静听着年轻人的叹息，并没有对他大加教诲，而是吩咐小和尚说："施主远道而来，烧一壶温水送过来。"

一会儿，小和尚提着一壶温水来到了佛堂。只见释圆长老拿起一个杯子，并往里面放了一些茶叶，接过小和尚手中的温水沏了茶，然后他微笑着请年轻人喝茶。茶杯里冒出微微的热气，茶叶静静地漂浮在水面上。年轻人对长老的用意十分困惑："长老为什么用温水沏茶呢？"长老笑而不语，示意让他品茶。年轻人端起茶杯放到嘴边品了一口摇摇头说："没有一点儿茶香味！"

释圆说："这可是当地的名茶啊！怎么可能没有味道？"年轻人又品尝了一下茶，依然肯定地说："我说的是事实，真的没有一丝茶香。"长老又吩咐小和尚："去烧一壶沸水送过来。"

又过了一会儿，小和尚提着一壶冒着热气的滚烫的沸水来到佛堂。老和尚依然重复那一套动作，取杯子、放茶叶、倒沸水，再放在桌子上。这次看到的情景与前一情况不同，杯子里冒着热气，茶叶在杯子里上下沉浮，不时地散发出丝丝清香，使人望而生津。

年轻人刚要端杯品茶，长老却作势挡开了，他又提起水壶向茶杯里注入一些沸水。只见茶叶在杯子中不断地翻腾着，顿时一缕更浓厚的茶香袅袅升腾，一会儿，整个佛堂中都被茶香弥漫了。

长老笑着问年轻人："施主可知道，同样的茶、同样的环境，为什么会产生不同的味道呢？"

年轻人说："因为泡茶所选用的水不同。"

释圆大师微笑着点点头："没错，正是这个原因。用温水沏茶，怎么会品尝到茶的芳香呢？人的生存之道，也和沏茶同出一辙。你现在的处境就相当于用温水沏茶，水的温度不够，很难沏出香味飘散的茶。当你自己的能力不足时，要想处处得力、事事顺心自然很难。解决问题的唯一办法也是最有效的方法就是苦练内功，不断地提高自己的能力。"

大师的一番指点使年轻人茅塞顿开，他回去后刻苦学习，虚心向人求教，不久就赢得了老板的重视，被提升为副经理。

一位学者指出："勤，劳也。无论劳心劳力，竭尽所能勤勉从事，就叫作勤。各行各业，凡是勤奋不息者必定有所成就，出人头地。"

一个人只有不断地勤奋努力，吃苦耐劳，才能找到自我发展的空间，将所有的才能表现出来，取得事业上的成功。

### 马上试一试

完善了坚韧的性格后，就会把吃苦当作磨炼体肤、心智的过程，从而让自己在逆境中不放弃，在顺境中不得意，一步步登上事业高峰。

# 5. 伸眉固荣耀，蓄势更可嘉

实力决定一个人做事的底气，当实力还不足以与对手放开一搏的时候，性格坚韧的人常常会忍耐。他们的这种忍不是消极懈怠的忍，而是积极有为的忍，是在忍中蓄势，在忍中等待进攻的时机。

"苦心人，天不负，卧薪尝胆三千越甲可吞吴"，这是对越王勾践忍辱负重，最后成事的高度概括。勾践之忍，在中国历史上是出了名的，历史证明，他最终也没有白忍，终于报得大仇。

其实，勾践报仇并不是我们所关注的，因为，诸侯国之间相互蚕食攻伐在春秋战国时是很正常的事，这里所要探究的是勾践性格中的"忍"，而最终凭此成就了复国大业。

吴越两国本为邻邦，吴国趁越王常刚死之际发兵攻越，结果大败而归，国王阖闾受伤而亡。这样两国就结下了仇怨，这种仇怨的实质并非什么国恨家仇，而是双方都想吞并对方来扩大自己的领土，增加国势而已。

阖闾死后，他的儿子夫差继位。为了替父报仇，他丝毫没有懈怠，经过两年的准备，吴王以伍子胥为大将，伯嚭为副将，倾国内全部精兵，经太湖杀向越国而来，越国一战即败，勾践走投无路，后来走伯嚭的门路达成了议和。

议和的条件是：勾践和他的妻子到吴国来做奴仆，随行的还有大夫范蠡。吴王夫差让勾践夫妇到自己的父亲吴王阖闾的坟旁，为自己养马。那是一座破烂的石屋，冬天如冰窟，夏天似蒸笼，勾践夫妇和大夫范蠡一直在这里生活了3年。除了每天一身土、两手粪以外，夫差出门坐车时，勾践还得在前面为他拉马。每当从人群中走过的时候，就会有人喊喊喳喳地讥笑："看，那个牵马的就是越国国王！"

性格坚韧的勾践面对一切屈辱，从容自若，因为他自己非常明白，目前的情况只有忍辱负重，才有可能日后东山再起，如果不屈，不要说东山再起，恐怕连命都保不住。

他在几度忍屈后，得到了一个绝好的机会。当时吴王病了，勾践为表忠心，在伯嚭的引导下，去探视吴王，正赶上吴王大便，待吴王出恭后，勾践尝了尝吴王的粪便后，便恭喜吴王，说他的病不久将会痊愈。这件事在吴王放留勾践的态度上起了决定性作用。或许是勾践真的懂得医道，察言观色能看出吴王的病快好了；或许是勾践有意恭维吴王；或许是上天垂青勾践，总之，吴王的病真的好了，勾践此时已彻底取得了吴王的信任，吴王见勾践真的顺从自己就把他放了。

勾践在这件事上所表现出来的忍辱的确是一般人做不到的。我们不排除勾践是想尽一切办法回国，但这种坚韧的性格的确让人慨叹。

纵观这一时期勾践的屈，是极其恭顺的屈。因为勾践很明白，这种为人奴仆的生活可能是茫茫无期，也可能近在咫尺。可喜的是，他的坚韧善屈性格得到了上天的垂青，他最终战胜了重重挫折，夺得了春秋末代霸主地位。

❀ 马上试一试 ❀

性格坚韧的人，绝对不会做出"以卵击石、螳臂当车"的无为之举，因为这样做的结果只能是自取灭亡。正所谓"留得青山在，不怕没柴烧"，只要能够保身，就会有扬眉吐气的一天。大丈夫能屈能伸，千万不要意气用事。

# 6. 别让困难挡住双眼

性格坚韧的人在遇到困难时，想到的不是如何及时撤退，以保证使损失减到最低，而是先以出色的心理素质顶住来自各方面的压力，然后积极地想办法来克服困难，用行动证明自己的眼光和决定都是正确的。

1972年第20届奥运会在联邦德国的慕尼黑举行，最后主办方欠下了36亿美元的债务，很久都没有还清；1976年，第21届奥运会在加拿大的蒙特利尔举行，最后亏损了10多亿美元，成了当地政府的一个大包袱。1980年第22届奥运会在苏联的莫斯科举行，当年的苏联比上两届举办城市耗费的资金更多，一共花掉了90多亿美元，造成了空前的亏损。

面对这种前车之鉴，举办1984年的奥运会几乎到了无人敢涉足的地步，最后美国的洛杉矶看到没有人敢拿这个"烫手的山芋"，就以唯一的申办城市"获此殊荣"。美国也想通过这种方式来显示其泱泱大国的实力，但是，等"夺取"了举办奥运会的权利之后，美国政府却公开宣布对本届奥运会不给予经济上的支持，而且洛杉矶市政府也说，不反对举办奥运会，但是市政府不提供资金支持……

情况有些令人尴尬，那么谁能够出来挽救这场危机呢？洛杉矶奥运会筹备小组不得不向一家企业咨询公司求救，希望这家公司寻找一位高手帮助解决当前的问题，使政府不必补贴一分钱就能举办好这届奥运会。

这家公司没有懈怠，根据奥运会筹备小组提出的要求，他们动用了收集到的各种资料，用计算机进行广泛地搜索，这个时候，计算机不时地反复出现一个名字：彼得·尤伯罗斯。

彼得·尤伯罗斯，1937年出生在美国伊利诺伊州文斯顿的一个房地产主家庭。大学毕业后在奥克兰机场工作，后来又到夏威夷联合航空公司任职，半年后担任洛杉矶航空服务公司副总经理。1972年，他收购了福梅斯特旅游服务公司，改行经营旅游服务行业。1974年，他创办了第一旅游服务公司，经过短短四年的努力，他的公司就在全世界拥有了二百多个办事处，手下员工一千五百多人，一跃成为北美的第三大旅游公司，每年的收入达2亿美元。

从他所取得的业绩来看，不能不说是惊天动地，他非凡的管理才能由此可见一斑。在这样的情况下，彼得·尤伯罗斯被选中承担这个重任，担任了奥运会组委会主席，可以说是受命于危难之际。

他虽然接手了重任，但举办奥运会的难处是他始料不及的。一个堂堂的奥运会组委会，居然连一个银行账户都没有，于是他只好自己拿出100美元，设立了一个银行账户，一切都要重新开始。他拿着别人给他的钥匙去开组委会办公室的门，可是手里的钥匙居然打不开门上的锁。原来房地产商在最后签约的时候，受到了一些反对举办奥运会人的影响把房子卖给了其他人。事已至此，已经没有了退路，尤伯罗斯果断决定临时租用房子——在一个由厂房改建的建筑物里开始办公。

从此，尤伯罗斯开始了他大刀阔斧的决策，在内外交困的形势下，他经过充分的思考，不失时机地、果断地砍出了三斧头。

第一，拍卖电视转播权。彼得·尤伯罗斯是这样分析的：全世界有几十亿人，对体育感兴趣的大有人在。很多人不惜花掉多年积蓄，不远万里去异国他乡观看体育比赛，但更多的人是通过电视来观看体育比赛的。而事实的发展证明，在奥运会期间，电视成了人们不可缺少的"精神食粮"。很显然，电视收视率的大大提高，使广告公司也因此大发横财。

尤伯罗斯看准了这举办奥运会的第一桶金子，他决定拍卖奥运会电视转播权。这在奥运会的历史上是前所未有的。要拍卖就要有一个价格，于是有人就向他提出最高拍卖价格1.52亿美元。尤伯罗斯听后，笑着说："这个数字太保守了，还不止这些。"他手下的人都用一双惊奇的眼睛望着他。这些人一致认为，1.52亿美元都已经是天文数字了，而且在历史上也绝无仅有。那些嗜钱如命的生意人能够拿出这样一大笔钱就已经不错了。大家都觉得他的胃口太大了。

精明的尤伯罗斯早就看出了助手们的心思，不过只是笑了一下，没有做过多的解释。他知道，这一仗关系重大，对以后的计划会产生直接的影响。于是，他决定亲自出马，来到了美国最大的两家广播公司进行游说，一家是美国广播公司（ABC），一家是全国广播公司（NBC）。同时，他又策划安排了几家公司也参与竞争。一时间报价不断上升，出乎人们的意料，仅电视转播权的拍卖一项就获得资金2.8亿美元，这让许多人大跌眼镜。

第二，拉赞助单位。奥运会不仅是运动员之间的激烈竞争，而且也是各个大企业之间的广告竞争，因为很多大企业都企图通过奥运会宣传自己的产品。

为了获得更多的资金，尤伯罗斯设法巧妙地加剧了这种竞争。奥运会组委会作出了这样的规定：本届奥运会只接受30家赞助商，一类产品仅选择一家，每家至少赞助400万美元，赞助者可以取得在本届奥运会上获得某项产品的专卖权。在这种有选择的竞争诱惑下，各家大企业都纷纷抬高自己的赞助金额，希望在奥运会上取得一席之地。

以饮料行业为例，可口可乐与百事可乐是两家竞争十分激烈的对手，两家都有志在必得的想法。可口可乐采取的战术是先发制人，一开价就喊出了1250万美元的赞助标码。百事可乐根本没有这个心理准备，只能眼巴巴地看着对手拿走了奥运会的专卖权。

而在照片胶卷行业就更具有戏剧性了。在美国，乃至在全世界，柯达公司的名气都是响当当的，自己也认为是"老大"，摆出来"大哥"的架子，与组委会讨价还价，不愿意出400万美元的高价，拖了半年的时间也没有达成协议。就在这个时候，日本的富士公司乘虚而入，拿出了700万美元的赞助费买下了奥运会的胶卷专卖权。消息传出之后，柯达公司十分后悔，懊恼之余，把广告部主任给撤了。

由此可见，当时竞争的激烈程度。最后经过多家公司的激烈竞争，尤伯罗斯获得了3.85亿美元的赞助费。

第三，"拍卖东西"。在别人那里，奥运会是赔本的买卖，但对尤伯罗斯来说却不一样，他手中拿着奥运会的王牌，在各个环节都让富豪们及有钱的人掏腰包。

火炬传递是奥运会的一个传统项目，每次奥运会都要把火炬从希腊的奥林匹克村传递到主办国和主办城市。1984年美国洛杉矶奥运会的传递路线全程高达15000公里，最后传到主办城市洛杉矶，在开幕式上点燃火炬。

以尤伯罗斯为首的奥运会组委会在传递上又开始做文章，他们规定：凡是参加火炬接力的人，每个人要交3000美元。很多人都认为，参加奥运会火炬接力传递是人生中一件值得纪念的事情，拿3000美元参加火炬接力也"值"。就是这一项，他就又筹集了3000万美元。

另外，奥运会组委会还规定：每个厂家要到奥运会做生意，必须赞助50万美元才可以去，结果，有50家杂货店或废品公司出了50万美元的赞助费，获得了在奥运会上做生意的权利。

除此以外，组委会自己还制作了各种纪念品、纪念币等，以高价出售……

洛杉矶奥运会不但没花美国政府和洛杉矶市政府的一分钱，而且还盈利2.5亿美元，尤伯罗斯以自己坚韧的性格创造了奥运史上的一个奇迹。从洛杉矶奥运会开始，奥运会的举办权成了各个国家争夺的对象，竞争也越来越激烈。

### 🌸 马上试一试 🌸

在奋进的路上，一定要做一个性格坚韧的人。性格懦弱的人遇到困难会退缩，退缩一次则意味着否定自己一次，而否定自己一次则意味着失去一个重要的成功机会。所以人们要坚强地，以一种不服输的精神去应对前进途中的困难，只要全力以赴，即使实现不了终极目标，也能够取得非凡的成就。

# 7. 矢志不移，认准的事就要做下去

性格坚韧的人眼中只有目标，没有困难。只要能够达到这个目标，他们宁愿吃苦受罪。正因为如此，他们常常能够取得常人难以取得的成就。

提起"现代建筑"公司，在韩国几乎是无人不知、无人不晓，在世界上也是享有盛名的。在经营项目方面，"现代建筑"通过不断发展，将建筑业、造船业、汽车业融为一体，并且在各个行业都有不菲的成就。随着"现代建筑"的脱颖而出，其创始人郑周永逐渐成为世人关注的焦点，被誉为"最有魅力的男人"、"亚洲最富有的企业家"等等。不过，郑周永在创造辉煌的时候却经历了常人难以坚持下去的艰辛，付出了常人不愿意付出的努力。

1916年，郑周永出生于韩国江原道通川郡松田面峨山里的一个贫苦农民家庭。其祖辈世代务农，父母同样过着面朝黄土背朝天的生活。在父母的含辛茹苦下，郑周永与五个弟弟和一个妹妹渐渐长大。因家境窘迫，郑周永在通川郡松田公立小学念完小学后便辍学回家，开始与父亲一起在田地里摸爬滚打。然而，尽管他们非常勤劳，但生活并没有因此变得富足，有时连基本口粮都成问题。15岁的郑周永再也无法忍受这种即使累得身心疲惫也仍然要忍饥挨饿的生活，于是打算离开这毫无希望的穷山恶水，去寻找另一个属于自己的新天地。

郑周永找到在镇上工作的几个同学，希望他们能为自己谋点事干。然而，这些同学并不能想出什么办法。父亲得知后把他大骂了一顿，不仅是因为他的"异想天开"，而且因为他是长子，应该留在家里传承祖业。不过，郑周永并没有打消自己的念头，觉得应该趁着年轻出去闯一闯。

第二年春天，郑周永在一次去里长家的时候从报纸上看到清津市正在修建港口和铁路的消息。他马上意识到，修建港口和铁路一定需要大量的劳工。就在那一刹那，郑周永仿佛已听到隆隆的机器声，看到成千上万的建筑工人来来往往地忙碌着，那里面当然也有他。

郑周永找来一张破旧的地图，从上面找到了清津市。与此同时，他那颗火热的心顿时冷却了下来，因为清津市与通川竟相隔一千多里。不过，郑周永没有被吓倒："再远我也要去！"他找到最好的伙伴池周元，并一起靠卖柴悄悄积攒了4角7分钱。8月的一天，他们背着父母溜出村子，拿着这仅有的路费向清津出发。白天，他们靠几分钱的食粮补充赶路时消耗的体力；晚上，他们在背风处过夜。尽管身体疲乏不堪，但郑周永并不能安然入睡。他望着黑洞洞的天空，想起了贫穷的家乡，想起了爸爸妈妈和弟弟妹妹，想到父母会为儿子的失踪而感到焦急不安。哭过之后，郑周永狠狠地咬住自己的嘴唇：为了改变贫穷，为了能让全家人过上幸福美满的日子，我一定要出去，坚持到底！

经过几天的奔波后，郑周永和池周元来到了高原市。得知这里也在修建铁路时，他们决定先挣点路费再去清津。工地上的活要比种田累得多，郑周永累得浑身疼痛。虽然如此，但一想到家里的贫穷和前程的迷茫，他就咬牙坚持下去。筑路工每月工资为4角5分钱，除去伙食费，一个月满勤也只有1角5分钱。转眼间过去了两个月，中秋节快要到了。郑周永想让父母高兴一下，于是好不容易说服了工头，预先支点钱给家里寄去。正当他高兴地从工头棚里走出来时，他的父亲出乎意料地站在他面前。看着累得又黑又瘦的儿子，父亲的心里一阵酸痛。郑周永猛地扑到父亲的怀里，放声大哭。他太想家了，毕竟他还只是一个16岁的孩子。

就这样，郑周永像个小俘虏一样被父亲带回了贫穷的小山沟。不过，他并不甘心，还是想着去外边的世界闯闯。在家期间，他看了小说《泥土》，被主人公许崇吸引住了。他想：既然许崇能爬出大山沟、独自进城，一边打工一边学习，我郑周永为什么就不能出去闯一闯呢？于是，一个新的计划又在他的心里萌发了。1932年的春天，郑周永又联合了村里的另外两个小伙伴，在一天夜里溜出村子，一口气向汉城方向跑了一百多里，接着在一家亲戚家停留。不过，他同样被父亲"押"了回去。

回到家中，郑周永后总结了失败的原因：路费不足。这年秋天，他狠下心干了一件对不起家人的事：拿走了父亲的卖牛钱。这次他变得聪明了，一不找伙伴，二不在晚间溜，乘家里无人时坐上了南下汉城的火车。此次去汉城，他的主要目标是在牡丹会计学校速成班学习。之所以会有这种打算，是因为他从女朋友家的旧报纸上看到了这个学校。据报纸介绍，速成班学制6个月，毕业后可安排工作，毕业后每月至少能挣30元，去掉120元的年食宿费，每年能剩下240元。要知道，240元要买24袋大米，这比家里一年打的粮食要多得多。郑周永越想越高兴，相信等父母接到寄回的钱时，一定能原谅他所有的过错。

到汉城后，郑周永很快办好了入学手续。由于已经开学3天，课程又讲得很快，再加上工作安排与成绩挂钩，郑周永不得不加倍努力。正在他踌躇满志之际，意想不到的事情又发生了。一天早上，他匆匆忙忙往学校赶，在走到校门口时与父亲撞个满怀，脸色顿时变得惨白。尽管向父亲说尽了好话，父亲还是流着老泪催他回家。就这样，郑周永又一次回到了家中。

1934年，是郑周永记事以来最糟的一年。当时，田里的庄稼几乎绝收，一种可怕的传染病在村里流行。这次，父亲再也不阻挡他了。这一年，19岁的郑周永第一次正式告别了父母，然后直奔汉城，寻找自己的梦想。

经过一番奔波，郑周永在一家名为福兴商会的米行找到了一份发放员的工作，月薪18元。由于勤劳朴实，他很快便赢得了店主的喜欢和信任。不过，店主儿子并不争气，导致米行不得不停业。

经过三年的锻炼，郑周永决定干一番事业。他在原址继续从事米行生意，并充分利用已经建立起来的人际关系很快站稳了脚跟。不久，他打出了自己买卖的大号——京一商社。从此，郑周永步入商界，一步步走向辉煌。

### 马上试一试

要想做成一件事，首先要完善坚韧的性格，这样才能在做事时矢志不移。即使眼前是刀山火海，也要迈着坚定的步伐前进。也许身体会受到伤害，精神会受到折磨，但以坚定信念和全力以赴换来的成果会弥补这一切。

# 第八章 别把自己看扁了，自信能创造奇迹

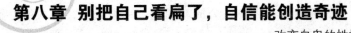

——改变自卑的性格

具备自卑性格的人经常以一种悲观的心态来面对一切，看轻自己的能力，高估事情的难度，常常处于一种压抑的状态，不要说激发潜力，就连个人能力也难以正常发挥，被眼前的困难压得喘不过气；具备自信性格的人则能够积极乐观地看待一切，在保持心情愉悦的情况下不仅能够将自我能力发挥到极致，而且会不断挖掘自身潜力，将一个又一个困难踩在脚下。

# 1. 悲观毁掉自信，乐观激发斗志

瞿秋白说："如果人是乐观的，一切都有抵抗，一切都能抵抗，一切都会增强抵抗力。"的确，具有乐观自信性格的人可以面对一切。

诸葛亮舌战群儒时，孙权手下的首席谋士张昭首先用言语挑衅。他说，刘备自称得到诸葛亮便"如鱼得水"，而诸葛亮也常常自比管仲、乐毅。然而，自从诸葛亮跟随刘备后，刘备"上不能报刘表以安庶民，下不能辅孤子而据疆土"，而且"弃新野，走樊城，败当阳，奔夏口"。

管仲能够帮助齐桓公成就霸业，一匡天下，乐毅能够帮助弱燕攻下强齐七十余座城池，而刘备在诸葛亮的辅佐下，不仅没有像以前那样"纵横寰宇，割据城池"，反而却弄得没有立锥之地。

诸葛亮并没有被张昭的话征服，而是巧妙地表明了自己的能力。他先是分析了刘备当时的实力：兵不过千，将只有关羽、张飞和赵云，所据之地不过一个新野小县，且人少粮缺；再客观表述自己的战果：博望烧屯和白河用水，先战败夏侯惇十万大军，再战败曹仁十万大军。以"甲兵不完，城郭不固，军不经练，粮不继日"，却令夏侯惇、曹仁"心惊胆裂"，即使是管仲、乐毅用兵打仗，在这种情况下也未必能够以少胜多、以弱敌强。

尽管张昭指出了刘备在诸葛亮辅助下的种种败绩，但诸葛亮没有因此而感到丝毫沮丧，反而能够透过表面的败绩看到在自己指导下打的胜仗，并且还能够在这种情况下与管仲、乐毅相比。从诸葛亮的表现中可以看出，他的性格是乐观自信的，正是这种乐观自信成就了后来的事业。乐观的人，能够在灾难中看到希望；而悲观的人，却只看到灾难。

曾经有两个囚犯，从狱中望窗外，一个看到的是满目泥土，一个看到的是万点星光。面对同样的遭遇，前者悲观失望，看到的自然是满目苍凉、了无生气；而后者乐观积极，看到的是星光万点、一片光明。人生在世，浮浮沉沉在所难免，唯有乐观，才能廓然无累。

一位水手准备远航，出发前，有人与他这样交谈。

他问："你父亲是怎么死的？"

水手回答："出海捕鱼，遇着风暴，死在海上。"

那人又问："那你祖父呢？"

水手回答："也死在海上。"

那人又问："既然这样，你还去航海吗？难道不害怕死在海上吗？"

水手没有直接回答他的问题，而是微笑着回问："你父亲死在哪里？"

那人说："死在床上。"

水手又问："你的祖父死在哪里呢？"

那人回答："也死在床上。"

水手问道："既然这样，难道你每天睡在床上不害怕吗？"

这个故事言简意赅，却含有深刻的人生哲理。水手明知祖父、父亲都死在海上，却没有因失去亲人的痛苦而改变自己的奋斗目标，仍然乐观地从事自己的事业。

生活中，每个人都会遇到挫折，甚至有时一些困境难以突破。面对挫折，悲观性格的人会不战而败，捶胸顿足，怨天尤人。这样的人永远也无法走出困境。而乐观性格的人则会满怀希望，坚持到生命的最后一分钟。

有位英国普通的妇女，遭遇抢劫时头部中了五枪，结果竟然活了下来，医生把她的康复归功于她的求生欲。她自己也说："积极的求生意念和一向乐观的性格是我活下来的两大支柱。"同她一样，许多癌症患者在面临死神的威胁时，他们乐观的积极的态度配合治疗，结果活了许多年。在挫折面前乐观对待，才有机会取得成功。

乐观是指人在遭受挫折打击时，仍坚信情况将会好转，前途是光明的。从情感智商的角度来看，乐观是人们身处逆境时不心灰意冷、不绝望或不抑郁消沉的心态。与希望一样，乐观施恩于人生。

乐观对挫折中的人有如下作用：

（1）乐观者能够为人排遣痛苦

乐观是一种良好的心理特征，能挫败一切痛苦与烦恼，给人生活的勇气、信心和力量。医学家认为，愉快的情绪能使心理处于怡然自得的状态，有益于人体各种激素的正常分泌，有利于调节脑细胞的兴奋和血液循环。马克思也说："一种美好的心情，比十服良药更能解除生理上的疲惫和痛楚。"

（2）乐观者可以打造良好的人际关系

持一种乐观、豁达的生活态度参与活动，你会发现很容易与人和谐相处。乐观者全身充满活力，容易与社会合拍。由于心情舒畅，在与人交往中就会对别人谦虚、尊重、理解，这样自然会得到别人的理解和尊敬，双方情感的相悦就能形成和谐融洽的人际关系。同样，强者受挫后不气馁，以乐观的态度对待暂时的失败，这样就会使他有一种自信的进取力量。这种力量把自己展现于外，参与人群和事业，更易于得到成功和成就。成功和成就的愉快情感会使自己更乐观地去继续从事未完的事业或开辟新的天地，这样的良性循环使事业充满生机，为生活带来无穷的乐趣和意义。

（3）乐观者能拥有健康身体

乐观者一生中最大的收益是身体机能完好。人们常说"笑一笑，十年少"。没错，乐天派自然心宽体胖，会笑对人生中的坎坷与挫折。他们不容易被疾病击垮，他们抗御心脑血管病、癌症和糖尿病等慢性难治病的能力远胜过悲戚忧郁者。一项新的研究成果证明了乐观与健康的对应关系。研究发现，对自我前途和未来持冷淡态度是身体健康不良的前兆。有一位外国的流行病学家断言，长期有这种绝望意识的人，其死亡率高于心脏病、癌症和其他病因造成的平均死亡率。这说明乐观心态对于健康的确大有裨益，悲观绝望则严重影响身体健康。

❧ 马上试一试 ❧

无论生活糟糕到哪种地步，性格自信的人总会以乐观的心态来迎接它。其实本该如此，因为现实已经摆在眼前。与其浪费眼泪，不如笑对人生。所以，不断完善自信乐观的性格对人们的生活大有益处。

# 2. 傲骨长存，信心常在

一个人可以出生卑微，但不可以没有傲骨。性格自信的人在困顿之时不会感叹怀才不遇，贬低自己的能力，而是积极地从客观上证明自己是有能力的。

汉末刘备在汝南驻守时，正逢袁绍举四州之兵再战曹操，于是，乘曹操发兵之际偷袭徐州。不料曹操速战速决，立即引大军来战刘备，刘备落荒而逃。

刘备大败后，与残部逃至汉江。刘备感叹道："诸君皆有王佐之才，不幸跟随刘备。备之命窘，累及诸君。今日无立锥地，诚恐有误诸君。君等何不弃备而投明主，以取功名乎？"众人听了刘备的话后，都掩面而泣。此时，关羽说道："兄言差矣。昔日高祖与项羽争天下，数败于羽；后九里山一战成功，而开四百年基业。胜负兵家之常，何可自隳其志！"关羽的这种豪气便是一种自信的体现。一个人只有相信自己的能力，才能够走上成功的道路。

心理学家研究发现，自信是人们心中的明灯。因为自信，他们就会比别人更早、更容易找到成功的钥匙。自信是他们成就大事的催化剂。

在心理学上有一个著名的实验，心理学家要改变一个女孩因长相而缺乏自信心的心理状态，使她能够拥有自信心，改变自己的邋遢生活，并使她产生对事业的上进心理。为此，心理学家要求常和她接触的人每天都对女孩说"你真漂亮"、"你真能干"、"你真好"等等赞扬她的话。

经过一段时间的努力，大家惊奇地发现，女孩真的改变了。她开始打扮自己，生活上也不再邋遢，做事也积极、认真起来，并且出现了爱表现自我的现象。

其实，女孩的长相并没有改变，而是她的精神状态发生了变化。其根源正在于大家的努力，使女孩对自己有了自信，她要留给人们一个好的印象。

被称为"世界最伟大的推销员"的乔·吉拉德就是经过了挑战自我的过程，才有了今天的成就。

乔·吉拉德于1929年出生在美国一个贫民窟，从他懂事起就开始为生存而从事一些简单的工作，先后做过鞋匠、报童、洗碗工、送货员、电炉装配工、住宅建筑承包商等等。可以说，在35岁以前，他在事业上一路坎坷，只能算一个全盘的失败者。朋友远离了他，债务困扰着他，不仅如此，就连妻子、孩子的吃喝都成了令他头疼的问题。

乔·吉拉德从小就有严重的口吃毛病，他换过四十多个工作仍然一事无成。最后，他卖掉了汽车，开始了他的推销生涯。

开始时，乔·吉拉德对推销行业并不了解，但他总是反复对自己说："你认为自己行就一定能行。"这已经成了他多年的口头禅。正是他的这种"相信自己一定能做得到"的信念使他走出了第一步。每拜访一个顾客，他总是恭敬地把名片递过去；不管是在街上还是在商店里，他抓住一切机会推销他的产品。正是因为他的不懈努力和自信，三年以后，他成了全世界最伟大的推销员。至今为止，这个一直被欧美商界称为"能向任何人推销出任何商品的神奇人物"还保持着平均每天卖6辆汽车的销售纪录。

像乔·吉拉德这样勇于挑战，实现自己人生价值的人还有很多，第一个数学史上的女教授苏菲·柯瓦列夫斯卡娜也是其中的一个。

1888年，法国巴黎科学院发起关于"刚体固定点旋转问题"有奖征文。这次征文活动和以往略有不同，科学院考虑到知识和人格是科学事业腾飞的双翼，于是，要求所有征文作者除提供论文外，还必须附上一条格言。在许多应征的论文中。来自俄国的38岁女数学家苏菲·柯瓦列夫斯卡娜说了一句极富哲理的格言——说自己知道的话，干自己应干的事，做自己想做的人。

苏菲·柯瓦列夫斯卡娜一直都在实现着自己的格言"……做自己想做的人"。在19世纪这个女性被歧视、被压迫的社会，她成为第一个走进法国巴黎科学院大门的女性，也是第一个数学史上的女教授。

低劣、平庸的自我贬低所产生的有效力量远没有伟大、崇高的自我评价所产生的有效力量强大。如果你形成了伟大、崇高的自信性格，那么，你身上的所有力量就会紧密团结起来，帮助你实现理想，因为精力总是跟随着你确定的理想。

完善自信性格后，你就会对自己有一种高尚的自我评价，就会相信自己有非同一般的前途。如果坚持不懈地努力达到最高的要求，那么，由此而产生的精神动力就会帮助你去实现心中的理想。

### ❀ 马上试一试 ❀

一个有傲骨的人是一个自信的人，既不会被他人的言论击垮，也不会被现实的落魄击垮，因为他们相信：没有人可以打倒自己，除非自己主动躺在地上。所以，人们要坚决杜绝自卑性格，不断完善自信性格。

# 3．自信成就事业，自卑毁掉一切

要想成就一番事业，没有自信的性格是行不通的。一个人一旦有了自信，就能够积极地去面对人生，用双手创造出成就。反之，一个人逐渐失去了自信，就会慢慢向自卑转化，感觉自己一无是处，从而处处约束自己，不敢行动，最终毁掉了整个人生。

当某种工作进展缓慢的时候，就被称为低潮现象。面对这种现象，性格忧郁悲观的人就会以悲观的态度去面对工作，结果工作和生活越来越不顺利。

其实，出现低潮现象的主要原因是一个人对自己失去信心。这主要是自己对现状或对未来总是持不信任感，甚至对整个过去的发展状况也会感到怀疑。这时候，对目前面对的事物，就会感到惶恐。由于内心产生了不安，当然就把眼前成绩看成不可靠的东西。

那么，如何避免这一悲观的性格状态呢？用鼓励法非常见效。

有一位老师在教导他的学生时说："不得意时，只要把头抬起来，不但能变成得意，而且还能变成'大得意'呢！"原来，他所说的"不得意"与"大得意"，只是文字上的笔画之差而已。"不"字的一竖看起来好像下垂的"头"，把这个"头"抬到上面来，就成了一个"大"字。

事实上，这个奇妙的比喻跟心理学原则有不谋而合之处，因为在人类的心理现象中，有一种"过量补偿"的作用，即补弱点的倾向。有时补足了弱点以后，尚有剩余之量，就会跃向优点。

关于"过量补偿"作用的例子，最典型者莫过于希腊雄辩家德默斯。

德默斯年轻的时候，一直患有严重的口吃。他想改变，很多人都说那是"痴人说梦"、"天方夜谭"，可是德默斯却不肯向命运低头，他坚信只要努力就会改变。他每天都口含石块，面对大海练习演讲。慢慢地，他改掉了口吃的毛病，自此他信心大增，更加努力。一天天，一日日，一年年，他终于能够口若悬河地登台演讲了。他成了希腊闻名的演说家。

一个人如果想脱离困境，或期望从不如意的境况中改善过来，那就不要忘记"'不得意'是'大得意'的转机"。因为这句话不失为很有力的自我暗示，只有具有这种强大的自信心，才能不断地努力，才能不断地成功。

而与自信相对的是自卑、懊丧。懊丧是一种对自己行为不满的心理情绪，它是一种心理上的自我指责和对未来害怕等几种心理活动的混合物。

懊丧的人绝不是"马大哈"，他没学到"马大哈"对人对己的态度，不会得过且过，也不能对人对己都马马虎虎。相反他们处世谨慎，处处提防自己的行为不要出格。一旦行为失检，总是害怕大难临头。

同时，懊丧的人也有很强的"良心"自监力，即使没有什么严重后果，他们也决不饶恕自己。容易懊丧的人是与世无争的"好人"，他们心地善良、洁身自好。习惯在处世中忍让、退缩、息事宁人，常常是生活中的弱者，他们生性胆小、怯懦。他们不仅对自己的言行不检"负责"，甚至对别人的过错也"负责"起来。明明是别人瞪了自己一眼，他们也会立即觉得自己肯定做了不对的事。

极端懊丧的人常用反常性的方法保护自己，越是怕出错，越是将眼睛盯在过错上。人家并未表示介意的事他也神经过敏，一句话也会后悔半天。他对人际冲突极为恐惧，解决人际冲突的办法也很奇怪。过分自责，其实也就是自卑心理的表现。自卑心理可以用一个公式形象地表达出来：自卑=自贱+自责（懊丧）。

自贱自责是一种不良的心理，一种不健康的心理，这种心理久而久之就让人形成了一种自卑的性格，而一旦形成了自卑的性格，进取之心就要被自卑之心所掩埋，这样人就会对自身能力产生怀疑，对未来没有信心。

好多性格自卑的人选择逃避来保护自己，其实"逃得了一时，也逃不了一世"。与其这样，还不如踏踏实实地去做每一件事，在别人满意的目光中忘掉自己的不足，慢慢消除自己的自卑性，完善自信性格，在对自己充满信心的基础上去开拓美好的人生。

## 马上试一试

如果不愿意虚度光阴，就不要用自卑来折磨自己。对于性格自卑者来说，自信意味着新生和一个崭新的未来，那么，现在就行动起来，摆脱自卑的束缚，完善自信性格，这样才会拥有美好的未来。

# 4. 忧郁使人消沉，开朗才有热情

忧郁性格是成大事的大忌之一，这种性格的特点是对任何事情都不感兴趣，一贯以压制、消极的态度处世。具有这种性格的人，心理内向甚至冷漠，爱钻牛角尖，而这些表现都与成大事需要具备的因素相悖逆。要想抛开忧郁，尝试着变得开朗一些非常重要。

成大事者大都善于消除忧郁性格，完善自信性格。他们通常会用乐观的态度去面对生活、适应生活、创造生活，同时开放自我，最大限度地吸收新的东西，在自己钟爱的事业上全神贯注，争取做到尽善尽美。

有人认为，消除浮躁性格不难，但是消除忧郁的性格却很不容易。但是一个人要想成大事，就必须消除忧郁的性格，完善自信性格。因为忧郁代表的是一种消极的意识和自我折磨的性格，它会瓦解人们的意志，消耗人们的精力，往往情绪控制能力不高者很难走出忧郁的阴影。

那么究竟用什么方法才能消除忧郁性格呢？当然是有计划有步骤地做一些积极的可以给人带来快乐的活动。

例如，忧郁时可以到花园里散步、读书、听音乐，或者外出访友，不要把自己关在屋子里痛苦地挣扎。

其实，任何人都可以消除忧郁性格，关键就在于自己有没有决心去做，如果能够记住"自己与其他人一样，都会遇到困难、障碍，这些事很正常，并不是偏偏自己倒霉"这一点，那么消除忧郁、完善自信就容易多了。

有这样一个故事：

帕尔玛住在新泽西州的帕德森，他说："我从退役后不久，便开始做生意，我日夜辛勤工作，买卖做得很顺利。不久麻烦来了，我找不到某些材料和零件，眼看生意要做不下去了，因为忧虑过度，我由一个正常人变成愤世嫉俗者。

"我变得暴躁易怒，而且……虽然那时并没有觉察到……几乎毁了原本快快乐乐的家庭。一天，一位年轻的残疾退役军人告诉我：'约翰，你实在该感到惭愧，你这种模样好像是世界上唯一遭到麻烦的人。纵使你得关门一阵子，又怎么样呢？等事情恢复正常后再重新开始不就得了。你拥有许多值得感恩的东西，而你却只是咆哮生活。老天，我还希望能有你的好状况呢！看看我，人只有一只手，半边脸几乎被炮弹打掉，我都没抱怨什么。如果你再不停止吼叫和发牢骚，不只会丢掉生意，还有健康、家庭和所有的朋友。'"

"这些话对我真是当头一棒，我终于体会到自己是何等富有，于是我改变了态度，找回了从前的自我。"

帕尔玛的朋友露西尔·布莱克也像他一样，在还没有懂得"不为所有而喜，不为所无而忧"的道理以前，她非常忧郁，不知道要乐观地面对生活遭遇，直到她懂得了那句话，她的生活态度才慢慢地转变过来。

露西尔·布莱克住在亚利桑那州的塔森，下面是她讲述的遭遇：

"我的生活一向忙乱——在亚利桑那大学学风琴，在镇上主持一家语言障碍诊所，在绿柳农场指导一个音乐欣赏班。我就住在绿柳农场里，我们在那里可以聚会、跳舞，在星光下骑马。可是，有一天早上我因心脏病而倒下了。"

"'你得躺在床上一年，要绝对地静养。'医师并没有保证说我还会不会像以前一样健壮。在床上躺一年，意味着我将要成为一个无用的人——或许我会死掉！我感到毛骨悚然，为什么这种事会发生在我身上？我做了什么竟会遭到这种惩罚？我又悲痛又感到愤恨不平，却还是照着医师的嘱咐躺在床上。"

"邻居鲁夫先生是个艺术家，他告诉我：'你以为在床上躺一年是不幸？其实不然。现在，你有了时间去思考，去认识自己，心灵上的增长将大大多于以往。'我平静下来，读些励志书籍，试着找出新的价值观。"

"一天，收音机传出评论员的声音：'唯有心中想什么，才能做什么。'这种论调以前不知听过多少次，这次却是深深打进我的心坎里，我改变了主意，开始只注意自己需要的东西：欢乐、幸福、健康。我强迫自己每天一起床就为拥有的一切赞美感恩。"

"在那段时间我没有一丝的痛苦，因为我感觉到我拥有的一切是多么美好：可爱的女儿、健康的视力、听力、收音机里优美的音乐、阅读书本的快乐时刻、丰富的食物、众多的好朋友……当医师准许亲友在特定时间来探访我时，那就是我最快乐的时候。"

"几年过去了，现在我的日子过得充实而有活力，这实在应该感谢躺在床上的一年。那是我在亚利桑那最有价值、最快乐的一年，因为我养成了每天清晨感谢赞美的乐观性格。惭愧的是由于害怕死亡，才使我真正学习到如何过真正的生活。"

帕尔玛和露西尔·布莱克都是普通人，虽然都遭遇过不幸，但是他们在经人点拨之后，都消除了可怕的忧郁，逐渐变得自信乐观起来，最终获取了美好的人生。这就说明消除忧郁性格，完善自信乐观性格是常人都能做到的。

### ❀ 马上试一试 ❀

虽然同是坏天气，性格自信的人因为开朗而能够安然自在地生活，性格自卑的人却会因为忧郁而感到内心沉重和压抑，把生活当作一种痛苦。

如果不想沉浸在痛苦之中，就要尝试着完善自信的性格，学会开朗。

# 5. 积极乐观，哀莫大于心死

在人生的大舞台上，每个人都是主角。自信乐观的人长袖善舞，尽情地挥洒着人生情韵，将工作和生活演绎得精彩绝伦。

如果一个人过高地估计他人而过低地估计自己，遇事不相信自己有解决的能力。凡事都觉得自己不行，都想要依赖他人，结果就只能遭遇失败。

一个人每失败一次，自信心都会磨灭一次。失败的次数越多，就越会失去自信。久而久之，就会成为一个非常悲观的人，这样，可悲的事就会接踵而来。反之，如果你善于在困境中对自己说："一切都会好起来的！我能应付过去！一切都会过去。"拥有这样的乐观自信，那么就一定能够取得收获。

詹姆斯的父亲生重病的时候已经是70岁了，他曾经是全州的拳击冠军，由于有着硬朗的身子，身体能够抵御一定疾病的缠绕，所以才一直挺了过来。

有一天晚饭后，詹姆斯的父亲把全家人召到病榻前，他的病情日益恶化，自己已知时日不多了，他一阵接一阵地咳嗽，脸色显得苍白，说话也有气无力。他艰难地看了每个人一眼，缓缓地说："我给你们说一件事情，那是在一次全州冠军对抗赛上，对手是个人高马大的黑人拳击手，而我个子矮小，明显地处于劣势，一次次被对方击倒，牙齿被打掉了一颗。休息的时候，教练鼓励我说：'詹姆斯，你能行，而且能挺到最后一局！'我说：'我会坚持住的，我能应付过去！'当时，我的身子像一块巨大的石头艰难地挪动着，对手的拳头击打在我身上发出空洞的声音，我感到害怕。跌倒、爬起，爬起后，又被击倒了，就这样反复着，我终于熬到了最后一局。对手胆怯了，我开始了真正的反击，你们也许体会不到，我是在用我的意志打击，长拳、勾拳、重拳，我们两人的血混在一起，血腥味伴着人们的呼喊声更激发起我的斗志。我的眼前有无数个影子在晃，我终于找准了机会，狠命地一击……他倒下了，而我终于挺过来了。最终我获得了我职业生涯中唯一的一枚金牌。"

就在他说话间，又咳嗽了起来，汗珠滚滚而下。他把手搭在詹姆斯的手上，微微一笑："孩子，不要紧，才一点点痛，没什么事，我能应付过去。"

第二天，詹姆斯的父亲就因咳血而亡了。那段日子，可以说是非常地艰难，由于发生了经济危机，詹姆斯和妻子都先后失业了，经济状况非常困难。父亲又患上了肺结核，因为没有钱支付高昂的医疗费用，请不来大夫医治，又没有其他办法，只好一直拖到死。

父亲死后，家里的境况更加艰难，度日如年。詹姆斯和妻子每天都在外面奔波找工作，当晚上回来的时候，失望大于希望，彼此面对面地摇头。但是，在这种艰难的条件下，他们也没有气馁，仍然非常乐观，互相鼓励道："不要紧，我们会应付过去的，一切都会过去。"

后来，詹姆斯和妻子都重新找到了工作。每当他们坐在餐桌旁静静地吃饭的时候，他们就会想到父亲，想到父亲的那句话"我能应付过去"，而且把它作为他们生活的座右铭。

如果能用正确的观点评价别人和看待自己，在任何情况下，都不会迷失自己，而且还会完善自信乐观的性格。自信是成大事必不可少的要素，乐观不仅是做事的要素，也是生活的要素。

如果每个人都乐观，那么不但生活的烦恼没有了，而且莫名的自卑感也会不复存在。其实一个人自卑感的存在和产生，并不是自己的能力或知识上不如人，而是因为性格上的缺陷，如果你拥有自信性格，那么乐观也会随之而来。

在有些时候，一个人的性格由自信转化为自卑是由自己不恰当的行为造成的。一旦换一种行为方式，自卑就会被自信所代替。比如，不要总是让他人评论自己的缺点，试着让他人谈论自己的优点，自卑感就会减少许多。

# 6. 相信自己，把"妄想"变成现实

曾经有一位大思想家说："相信自己'能'，便会攻无不克。"成功学家希尔也说："有方向感的信心，令我们每一个意念都充满力量。当你有强大的自信心推动你的致富巨轮，就可以平步青云，无止境地攀上成功之山。"正是如此，只要保持自信乐观的性格，必会有所作为。

美国著名作家爱默生在一次演讲时说："谁说我们美国没有自己的诗篇呢？我们的诗人就在这儿呢……"

就是这次讲话，使惠特曼激动不已，热血在他的胸中沸腾，他浑身升腾起一股力量和无比坚定的信念。他要渗入各个领域、各个阶层、各种生活方式；他要倾听大地的、人民的、民族的心声，去创作不同凡响的诗篇。

惠特曼在1854年出版了他的诗歌集《草叶集》。他的诗热情奔放，冲破了传统格律的束缚，用新的形式表达了民主思想和对种族、民族与社会压迫的强烈抗议，并对美国和欧洲诗歌的发展起了巨大影响。

《草叶集》的出版使爱默生激动不已。他为自己国家诗人的诞生激动不已，并给予这些诗以极高的评价，称这些诗是"属于美国的诗"，"是奇妙的、有着无法形容的魔力"，"有可怕的眼睛和水牛的精神"。

尽管惠特曼的《草叶集》受到爱默生褒扬，使得一些本来把他评价得一无是处的报刊马上换了口气，温和了起来，但是惠特曼那种创新的写法，不押韵、不受束缚的格式，新颖别致的思想内容，并非那么容易被大众所接受，他的《草叶集》并未因爱默生的赞扬而畅销。然而，惠特曼却从中增添了信心和勇气。他印起了第二版，并在这版中又加进了二十首新诗。

不久，惠特曼决定发行第三版《草叶集》，并将补进些新作。这时爱默生劝阻惠特曼取消其中几首刻画"性"的诗歌，否则第三版将不会畅销。惠特曼却满怀信心地对爱默生说："放心，没事的，我相信它是好书，删后就不会是这么好的书了。"

执着的惠特曼不肯让步，他对爱默生表示："在我灵魂深处，我的意念是不服从任何束缚，我是走自己的路。《草叶集》是不会被删改的，任由它自己繁荣和枯萎吧！"他又说："世界上最脏的书就是被删减过的书，删减意味着道歉、投降……"

第三版《草叶集》正如惠特曼自己想的那样，出版后获得了巨大的成功。不久，它便跨越了国界，传到英格兰，传到世界许多地方。

由此不难看出，人的自信心是多么重要。

当你的同事在意想不到的时间内完成了意想不到的业绩时，你是否会充满敬意又略带醋意地搭讪："真想不到……你是怎样做到的？"

"因为我有信心，我知道自己能行。"同事坚定地说。

这样的话在生活中听到的次数实在是太多了，可是又有谁想过，这平平淡淡的几个字，竟包含了多少感人的故事和成功的真谛！

"我有信心"究竟是怎么一回事？

传说，有个勤奋好学的木匠，一天去给法官修理椅子，他不但干得很认真仔细，还对法官的椅子进行了改装。有人问他其中原因，他解释说："我要让这把椅子经久耐用，等到有一天我能够坐到上面。"真是心想事成，这位木匠后来果真成了一名法官，坐上了这把椅子。

这就是信心的力量。其实，信心就是自信，相信自己能够做到。拥有这种性格的人，往往能够完成自己的愿望，达成自己的梦想，成就事业的辉煌！

有句话说："天下无人不自卑，无论圣人贤人，富豪王者，或是贫农寒士，贩夫走卒，在孩提时代的潜意识里，都是充满自卑感的。"有自卑感并不可怕，可怕的是由此形成自卑的性格。自卑性格会影响人的前途和命运，所以当得知自己的不足后，要及时去弥补，让自卑无处藏身，让自信乐观伴随一生。

# 7. 挺起胸膛，找回自信

自信的人是美丽而充满魅力的，人人愿意和自信的人交朋友，他人的自信同样能够给自己带来力量，激励自己去奋斗拼搏。只要能够保持自信，就能够结交到更多的朋友，从而促进个人更好地发展。

性格自信乐观的人，可以在绝望中找到希望，可以在懦弱中找到勇气，可以在颓废中唤回激情。这样就可以用满腔的热情去工作、去学习、去生活，那种从内心焕发出的光彩会使整个人看上去很美丽。

春秋时，齐国的大臣晏子个儿很矮。一次齐王派他出使楚国，楚王想羞辱他，就在大门旁开了一个小门"请"晏子进去。晏子没有动怒，只是说："使狗国者，从狗门入。今臣使楚，不当从此门入。"楚王只得请晏子从大门进去。

晏子不负使命，维护了自己的尊严、国家的尊严，他懂得"人岂能使我轻重哉"的道理。但很多人还要以貌取人，以貌去悦人，这是多么可悲的事情，人们应该挺起胸，自信乐观地做人，不被这些世俗顽愚所羁绊。

每个人都有自己特定的优缺点，如果你太在意世俗的观念，可能就会将自己的特点看成缺点。这个世界上的每个人都是独一无二的。别人怎么看你，那是他个人的问题，与你没多大关系。而你怎样看待自己，才是最重要的。

人们没有必要总是看到别人的长处，而忽略自己的优点。每个人都要学会对自己有一个全面的、公正的认识，要知道自己也可以成为"太阳"发光发热。

世界上没有相同的两片叶子，同理，世界上也就没有完全相同的两个人。你作为一个能够独立思考的个体，会有许多不同于他人甚至比他人优秀的地方，就应该用自己特有的形象来丰富生活。也许你会在一些地方不如他人，但如果你性格乐观、自信，就会显示出别人不能企及的优势。

莉莎是个害羞的女孩，身边的同伴们都有了恋人，而她还是个没人邀请的害羞姑娘。

一天，莉莎沿着街道走着，她那无精打采的样子，一看就知道是心事重重。突然，一块标着"吸引异性物"招牌的商店吸引了她的眼球，牌后放着一些丝带，周围摆着各式各样的蝴蝶结，牌上写着：各种颜色应有尽有，挑选适合你个性的颜色。

莉莎在那儿站了一会，尽管她有勇气戴，但还为母亲是否允许她戴上那又大又显眼的蝴蝶结而犹豫不决。这蝴蝶结她非常喜欢，那些丝带也正是伙伴们经常戴的那种。

这时候女售货员看出了莉莎的犹豫，说："亲爱的，这个对你再合适不过了。"

"噢，不，我不能戴那样的东西。"莉莎回答道，但同时她却渴望地靠近一条粉色的蝴蝶结。

女售货员显得不可理解地说："你有这么一头可爱的金发，又有一双漂亮的眼睛，我看你戴什么都好看。"也许正是售货员这几句话，莉莎把一个粉色的蝴蝶结戴在了头上。

"不，向前一点。"女售货员提醒道，"亲爱的，你要记住一件事，如果你戴上任何特殊的东西，就应该像没有人比你更有权戴它一样。在这个世界上，你应抬起头来。"她用评价的眼光看了看丝带的位置，赞同地点点头，"很好，哎呀，你看上去令人无比的兴奋。"

"这个我买了。"莉莎说。她为自己做出这样的决定感到惊奇。

"如果你想要其他在聚会、舞会、正规场合穿着的……"售货员继续说着。莉莎摇摇头，付款后向店门口冲去。速度是那么快，以致与一位拿着许多包裹的妇女撞了个满怀，几乎把她撞倒。

过了一会儿，她吓得打了个寒战，因为她感到有人在后边追她，不会是为那蝴蝶结吧？真是吓死人了。她向四周看看，听到那个人在喊她，她吓得飞跑，一直跑到一条街区才停下来。

出人意料，莉莎眼前恰恰是咖啡馆，她意识到自己开始就一直想到这儿来的。

这儿是镇上每个姑娘都知道的地方，因为一个大家都喜欢的年轻小伙子——杰布森，经常来这儿喝咖啡。

杰布森果然在这儿，坐在一个椅子上，面前有一杯咖啡，并没有动过。莉莎暗想："是珊尼把他甩了，他将与其他人去跳舞了。"

莉莎在其后面的椅子上坐下，要了一杯咖啡。很快她就感觉到杰布森转过身来望着她。莉莎笔挺地坐着，昂着头，她意识到，是那朵粉色蝴蝶结的作用。

"嗨，莉莎！"杰布森主动地打起招呼来。

"噢，是杰布森呀！"莉莎装出惊讶的样子说，"你在这儿多久了？"

"整个一生。"他说，"等待的正是你。"

"奉承！"莉莎说。她为头上的粉色蝴蝶结而感到自负。

不一会儿，杰布森在她身边坐下，看起来似乎才注意到她的存在，问道："你的发型改了，还是怎么的？不，我想正是你昂着头的样子，似乎你认为我应该注意到什么似的。"

莉莎感到脸红起来："这是有意挖苦吧？"

"也许，"他笑着说，"但是，也许我有点喜欢看到你那昂着头的样子。"

大约过了10分钟，真令人难以相信，杰布森邀她去跳舞。当他们离开舞厅的时候，杰布森主动要送她回家。

回到家里，莉莎想在镜子跟前欣赏一下自己戴着粉色蝴蝶结的样子，令她惊奇的是，头上什么都没有。后来，她才知道，当时撞到那人时，粉色蝴蝶结被撞掉了……

莉莎本来因为自卑、害羞而得不到众人的关注，因为重拾了自信而变成了"白雪公主"，其实生活中不仅仅在爱情上是这样，在事业上也同样如此。

学会欣赏真实的自己，才能完善自信乐观的性格，而只有自信，才能感觉到生活中不是缺少美，而是缺少发现美的眼睛。学会乐观地面对事情，才会知道任何事情都没有那么困难。

有一句话说得好："人不是因为美丽才可爱，而是因为可爱才美丽。"如果一个人性格过分自卑而使得自己处处缩手缩脚，只会被自己所谓的缺点覆盖，然后又将自己的优点和长处掩埋。只有完善了自信的性格，才敢于把自己不好的一面也展示给别人，用真实和勇气来打动他人，在没有顾忌的情况下心无旁骛地展现自我价值。

# 8. 缺点不是问题，自卑才是牢笼

成功最大的敌人除了骄傲外，就是自卑。性格自卑的人只会给自己施加不必要的压力，而不会为自己增加动力。能力不足可以弥补，千万不要为此懊丧，否则只能被自卑牢牢困住，导致一事无成。

那些自信乐观的人，能够正视自己的缺点与不足，他们认为那是再正常不过的，所以不会因为自己某些方面的缺陷和不足而产生自卑心理。相反他们非常了解自己的能力，从来不会妄自菲薄。他们认为，一个自贬身价的人是一个瞧不起自己的人，是一个容易被众人轻视的人，这样的人很难有出息。

为了谋生，一个贫苦的犹太人来到了被称为"满地是黄金"的纽约。当驻足街头时，他发现所听到的和所看到的与他想象中的情景大相径庭。几天过后，他没有找到工作。迫于生计，他开始贩卖一些小东西，比如针线、玩具等。为了能生活得更好，他一边做着小本买卖，一边找工作。

一次，一个犹太教堂招聘打杂的，他匆忙去应聘。考核者瞟了他一眼，问道："我们对来此应聘的人有一个最基本的要求，那就是必须具备英语读写能力，请问先生，你行吗？"他回答："抱歉，我没有这种能力。"考核者直截了当地说："纽约可不同于别处，即使是个杂役，也应该掌握英语。对不起，先生，请你另谋高就。"他没有再说什么，转身走开了。但他并没有因此而感到自卑，后来，他凭着自己的不断努力，成了一个富有的人，并开始投资金融业。

一次，为了做成一笔生意，他去银行申请贷款。银行行长给他递上一支笔，请他填写贷款单。他尴尬地表示：他只会写自己的名字。行长不无惊羡地说："您在不会读写的情况下，竟然能使生意蒸蒸日上，如果具有了读写能力，您该是一个怎样的人物啊！""的确，如果学会了读写，我可能永远是一个犹太教堂的杂役。"他默默地想着。

故事中的主人公并没有因为教堂考核者的拒绝和自己缺乏英语读写能力而产生自卑感，相反，他用自信和努力改变了自己的一生。

可是，生活中有些人往往会把自己的不足无限地夸大，因此自卑的心理越来越强，久而久之，这种心理就变成了性格。而性格很难在短时间内改变，所以自卑心理就会无节制地滋长。性格自卑的人，擅长发现别人的长处而看不到自己的优势，并且常把自己的短处和别人的长处相比，相形见绌是必然结果。有些人能够以犀利眼光，不失时机地发现他人的优点，然后便觉得与自己交往的每一个人都非常优秀。于是，在他们的头脑中会产生一种错觉：自己是一个一无是处的人，没有比别人强的地方，不会有什么作为。

当自卑性格占据主导地位之后，人就会变得缩手缩脚，不敢轻易去做任何事情。因为自卑让他们怀疑自己的能力，所以，他们总怕自己做不好。然而，人生如逆水行舟，不进则退。如果惧怕失败，不愿意去尝试，不愿意向前迈步，最后的结果可能是亲手把自己的前程埋葬。

人们本来可以轻松地生活，可以轻松地过着舒心的日子，可是，自卑的性格像牢笼一样把人的心灵圈起，不断地受到压抑而萎缩。周围的一切在自卑者的眼中都黯淡无光、毫无生机。此时，自卑者的心灵犹如一根浸没在深水之中的蜡烛，永远不能够被激情和奋斗的火焰点燃，成功之花也永远不会在生活中绽放。

强烈的自卑感会把人的聪明才智残酷地扼杀掉，让人空有满腹经纶，却无出头之日。有的人本来可以凭借个人优势好好地发展自己，使自己的人生更加美妙，可是，自卑感把人的心灵给紧紧地束缚住了，它仿佛一个昏暗的牢笼，限制了人们的发展自由；它又如同一个厚实而坚硬的茧，把人的能力深深地包裹住，然后随它自生自灭。

自卑者的思维方式"与众不同"，他们的行为有时令人难以理解，他们不思进取，对生活毫无兴趣，发呆几乎可以占据他们的大部分时间。在别人看来，人生短暂，可是，在他们眼中，人生是漫长而乏味的。

性格自卑者，如果长久不能得到改善，很容易染上抑郁症。大家都知道，抑郁症是一种很难医治的病症，所以如果有这种性格倾向的人，一定要加以调节和改善，把自己打造成为一个自信乐观的人，只有性格自信乐观才会成就大业。

第16任美国总统林肯有着一张丑陋的脸，他的丑陋常常成为与他对立的政客们讥笑和谩骂的话柄。但是，他并没有因为这些而自卑或以牙还牙，而是微笑地应对这些不礼貌的人，他说："先生，你应该感到很荣幸，因为你将会因骂过一位优秀的人物而被很多人认识。"

伟大的科学家爱因斯坦也是一位长相有些奇特的人。

一次，一位年轻人抱着他出生不久的小儿子来拜访爱因斯坦，爱因斯坦把脸凑了过去。当小孩看到他那张奇怪的脸时，竟"哇"的一声大哭起来。爱因斯坦没有介意，他摸了摸婴儿的脑袋，幽默地对婴儿说道："可爱的孩子，你把你对我的真实看法告诉了我。"

人可以有缺点，但是人不可以有自卑心理。如果能够坦然地面对自己的缺点与不足，并且不放弃努力的信念，丑小鸭也能够变成白天鹅；但是一个人如果因自卑而不能发挥自己的潜质，这样的人终究不会取得很大成就。

有这样一个故事：一个农夫养了一群羊，这些羊有着雪一样白的皮毛，唯有一只羊除外，它的皮毛像炭一样黑。白羊让农夫赏心悦目，而这只黑羊却主人反感。主人的偏见和白羊的讥笑让这只黑羊深感自卑，当白羊们在一起玩乐的时候，它离得远远的，默默地注视着它们。

一天，茫茫大雪铺天盖地而来，农夫的羊在离家较远处的山上吃草。很快，整个大地裹上了银装。农夫焦急地寻找着他的羊，但是，眼前是一片白色世界，根本无法发现羊的踪迹。农夫艰难地寻觅着，他看到了一个黑点，然后跑了过去。农夫找到了自己的羊群，他看到的黑点就是这只黑羊。虽然黑羊不好看，但是在羊群性命攸关的时刻，它却发挥了巨大作用。

由此可见，有时自己的缺点很可能就会变成救命稻草，所以，无须为自己的缺点感到自卑，那样就是自贬身价。所以，若想得到别人的认可与尊重，首先要爱惜自己，珍视自己，经常给自己鼓劲，千万不要掉进自卑的牢笼里无法自拔。

上天在一些方面亏待了人们，总会在另一些方面给予补偿。性格自卑的人只会看到自身的缺点，根本无法发现自身的优点。性格自信的人不仅能够看到自身的缺点，更重要的是能够看到自身的优点并加以充分利用。自卑注定了一个人的一事无成，而自信则能够让一个人取得令自己自豪的成就。所以，人们要努力完善自信性格！

# 9. 与其怨天尤人，不如自我振奋

只要活着，就还有希望。性格自信的人虽然会因一时的挫折感到迷茫，但不会长久沉沦下去，而会多方探索，找到一个明确的发展方向。

每个人在事业上都会遇到挫折，一些挫折甚至很难突破。性格自卑的人面对挫折便会不战而败，捶胸顿足，怨天尤人，这样的人永远也无法走出困境。

真正成大事的人，会不断完善自信乐观性格，满怀希望地为未来的成功而努力奋斗。

那英是我国流行乐坛上一颗耀眼的明星。她仅凭着自己独具魅力的演唱风格就征服了一大批青年人。她演唱的《好大一棵树》、《山不转水转》、《雾里看花》等一首又一首的好歌，一直被广为传唱。

在艺术的行业中流传着这样一句话："台上十分钟，台下十年功。"这话说得一点也不错。大家都看到了那英风光的一面，却不知道为了这一天她付出的艰辛。初闯乐坛时，那英并不出名，经过艰苦努力、不断提高后，那英才获得了在舞台上展露才华的机会。

那英从小就具有非常强的模仿能力，而且在音乐感觉方面也有很高的天赋，这为她的成功做了一个很好的铺垫。由于她的音色与苏芮相近，所以在早期的演唱活动中她一直模仿苏芮的嗓音和唱风，受到了听众一致的赞扬。但是，随着时代的变迁，文化的提升，那英的"西北风"的唱腔已经跟不上时代的潮流，不再吸引观众。她一度非常苦恼，但也许是自信乐观的个性使然，那英虽然惶恐，没有因此而产生自卑心，她积极地寻找、挖掘提升自己的方法。

"功夫不负有心人"，在1990年以后，那英在反复地聆听世界级大歌星苏珊·维格和赛德等人的歌曲后，她从中得到一个很大的启示。她意识到自己的问题所在，她说："其实，流行歌曲的演唱并不是'西北风'式的唱法，只有在本能的音色上唱出来的东西才能真正地打动别人，那种风格并不是连喊带叫。以前总认为，只有连喊带叫才能证明自己是个实力派歌手的想法，现在想起来不免觉得有些荒唐可笑，尤其是在1988至1990年间，我的表现回想起来真是幼稚无知。"

于是，那英开始摆脱苏芮的影响，摆脱"连喊带叫"的唱腔。在许多作曲家的帮助下，她逐渐形成了自己独特的风格。就这样，那英开始走向成熟，走向艺术事业上的一个新的高潮。

1992年的"奥林匹克风"演唱会上，那英与苏芮同台献艺。一直以来以效仿苏芮的声音和风格而出名的那英，在那次演唱中表现出了自己独特的声音和唱风，得到了观众的一致好评，那英的"星路"从此一路顺畅。

自卑者在遇到坎坷时就会迅速给自己判死刑，而不会奋力去寻找一条阳关大道，这样人只能永远活在他人的背后。那英没有这样，是因为她的乐观自信的性格所致，在星路上遇到最难以逾越的鸿沟时，她积极地寻求可以超越自己的方法，最终跨越眼前的鸿沟，用自己的风格在演艺事业上走得越来越远。

成大事者在对人生充满希望的同时，也表现了他们对人生积极乐观的态度。他们在挫折中主动寻找出路，即使是荆棘缠绕，仍坚信情况将会好转，前途是光明的，这是自卑忧郁性格永远不能做到的。

### 🌸 马上试一试 🌸

性格自信乐观者都能够扼制住浮躁的心态，积极地面对苦难，以一种积极的心态去迎接生活；性格自信乐观者在任何时候都对人生充满了希望，能够在挫折中寻找到走向成功的方向。所以完善自信乐观性格非常重要。

## 第九章 祖宗之法也可变，别围着条条框框转圈

——改变墨守成规的性格

人们常说"时势造英雄"，英雄的出现固然与时势有关，但更为重要的却是英雄所具备的大胆性格。正是由于大胆，他们敢为天下先，可以从没有路的地方开辟出一条路。

虽然不是人人都能成为英雄，但大胆性格从需要培育和不断完善。只有如此，才能够与时俱进、开创未来，才不会因墨守成规而裹足不前。

# 1. 别出心裁，柔道行天下

历代帝王统一天下的手法均是大同小异，不外乎智谋策划、武力攻取。开国后，类似刘邦、朱元璋者又用尽种种手段大杀开国功臣，目的只有一个：固权。但是这种方法并没有达到帝王们的预期目的。性格大胆、独特的刘秀则除旧布新，在建立东汉以后采取柔道笼络的方法治理天下，取得了意想不到的效果。

早在征战的时候，刘秀便在战争之余着手笼络民心，准备重建社会。刘秀认识到儒学的重要，他想方设法把一些著名儒学人物拉到自己的身边，或委以官职，或冠以衔号。这样他身边很快集中了如范升、陈元、郑兴、杜林、卫宏、刘昆、桓荣等一大批当时的著名学者。

刘秀对待身边的人，均以礼相待，或听取他们的策略，或利用他们的名望和学识，从心理上威服僚属，抑制他们居功自傲的情绪。

建武十七年，刘秀还乡，宴请故旧父老。席间，刘氏宗室的长辈们都说，刘秀生性便温柔，缺少凌厉之气，即帝位以后，依然是太过于温柔。刘秀听了大笑，说："吾治天下亦欲以柔道行之。"刘秀并非说笑，他的确是要以"柔"作为治国之道。

刘秀的"柔道"治理国家策略，首先表现在征伐占领之后，注重安抚，而非屠戮。对于投降的队伍，都只把他们的首领送到京城，而对兵卒，均遣散回家，让他们自由过活。刘秀虽然主张征伐战争，但并不提倡攻地屠城，他认为最重要的是安定秩序，集中百姓，减少流散的人口，从而减少不必要的经济损失。

东汉王朝建立后，刘秀面临的是一副满目疮痍、百废待兴的残破局面。为了顺应民心，快速恢复经济，巩固统治，他实行了宽松的统治。

首先，减轻赋税。

建武六年，为了恢复被破坏的广大农村经济，刘秀下令实行"三十税一"

的田赋制度。如果遇到突发性的自然灾害，他就下令减免徭役，对于那些鳏、寡、孤、独、贫而不能自给的，官府经常发给粮食，以缓和社会矛盾。

其次，解放奴婢。

自秦汉以来，奴婢问题一直是重要的社会问题，刘秀称帝后，先后九次颁布诏令，释放奴婢。建武十一年下诏书宣布："天地之性人为贵。其杀奴婢，不得减罪"；敢于用火烧烫奴婢的，按法律论罪；对被烧被烫的奴婢，恢复其平民身份；废除奴婢射伤人判死刑的法律。在当时那种社会情况下，劳力严重缺乏，释放奴婢为庶民对恢复和发展生产、稳定社会起到了积极作用。

汉朝的官府机构设置在汉武帝时，庞大的官僚机构是造成汉武帝及以后时期民用匮乏的重要原因。

刘秀即位后，为了改变历史遗留的症结，他大量合并官府，减少官吏。在这个问题上，刘秀表现得非常坚决，建武六年，对县及相当于县的封国进行调整，"并省四百余县，吏职减损，十置其一"。这不仅节省了国家财政开支，而且加强了中央对地方的控制。另外，他又恢复了汉武帝时期开始实行的"刺史"制度，除首都和京畿地区外，其他十二州，每州设一刺史，遵照皇帝的命令，代表中央，巡行郡国，从而强化了中央对地方的监督与控制。与此同时，刘秀取消了三种地方军队——步兵、骑兵、水兵，并撤销了地方军长、官郡、都尉，让地方士兵一律退伍还乡，从事农业生产。这些措施使政府费用大为节省，对减轻人民的负担起到了重要的作用。

刘秀爱好儒学，朝廷议事结束以后，经常与文武大臣一起讨论儒学经典，很晚才睡觉。为此，太子刘庄劝他注意休息，保养精神，他说："我不觉得疲劳。"刘秀自从平息隗嚣、公孙述以后，除了非常紧急的军情出现外，从不讲军旅问题。

刘秀倡导儒学，不言兵事，不仅是为了筹划着改造官吏队伍，适应由取天下向守天下转变的需求，同时也是因为他的官吏多是在战争中凭军功提拔起来的。这些人虽然能征善战，但也容易放纵，对于治理国家、安抚百姓没有什么实在的本领。虽然如此，刘秀对他们也不做过高要求。

历史上的开国皇帝，周围都会聚集着一批打江山的功臣。开国皇帝与开国元勋之间有着十分复杂的关系，大多数的时候，二者都很难相容。

而刘秀却运用"柔道"之策很好地处理了与功臣之间的关系，他对这些功臣中有较高政治才能的，仍加重用，让他们参议国事，如任命邓禹为大司徒，封丰臣侯，食邑万户。另一方面，刘秀对那些虽屡建军功却缺乏治国才干的功臣，不授实职实权，只让他们享受荣华富贵，以尽天年。如草莽英雄马武，他虽文化水平不高，但作战勇猛，屡建战功，刘秀称帝后，拜马武为侍中、骑都尉，封山都侯，而不授予实际权力，这样既安抚了功臣又维护了统治。

刘秀当然知道，夺取天下需要勇猛善战，靠的是武将，而治理天下需要远见卓识，靠的是文臣，以"柔"治理天下。

东汉政权初建，刘秀在继续用武力平定天下、巩固政权的同时，已开始致力于复兴儒学，注重从意识形态领域来统一和稳定人心，选拔有治国之能的栋梁之材。为了实现以"柔"治国的战略，刘秀下令广泛搜集、整理古代典籍，在洛阳城门外兴建起太学，设立五经博士，恢复西汉时期的十四博士之学，而且他还亲自巡视太学，赏赐儒生。

刘秀在位期间，广泛搜求儒生，让他们担任国家的重要官职。如《易》学者刘昆、《尚书》学者欧阳歙、《春秋》学者丁恭、《诗》和《论语》学者包咸，都先后被任命为都尉、大司徒、侍中等重要官职。

刘秀的这些措施，无一不显示了他大胆的性格，他敢于除旧布新，不墨守祖宗流下来的治理天下的方法，而是以"柔道"治理天下，使汉朝的政治、经济、文化都步上了一个新的台阶。

### 🌸 马上试一试 🌸

任何事物都具有两面性，在特定的环境下，消极的一面可能会转化为积极的一面，积极的一面也有可能转化为消极的一面。当环境发生转变时，性格大胆的人敢于化消极为积极，用以往消极的一面取代积极的一面，以此保证事业根基的稳固和枝繁叶茂。所以，培养大胆性格是墨守成规者应该去做的事。

# 2. 性格大胆，不做"陈规"的奴隶

众所周知，英国的戴安娜不是一名遵守王室风俗、恪守王室规矩的王妃，但她却可称得上是人民的偶像。因为她没有将自己的大胆性格埋藏，敢于决定自己的人生之路，这才使她的人生没有留下缺憾。

戴安娜的事迹早已被传为佳话，自从戴安娜与查尔斯王子交往的那一天开始，辉煌的光环似乎就一直笼罩在她的头上。

20世纪里谁才是最为耀眼的明星呢？毋庸置疑，那些歌星、影后们的辉煌与戴安娜比起来可算得上是小巫见大巫，不论是人气、魅力，还是口碑，那些明星大腕都只能望尘莫及。她是明星中的明星、名人中的名人。在英国王室十几年中，她是王室成员中最有影响的人物。她的一举一动都被世界各大新闻媒体关注着。从1981年到1997年，这短短的16年间，只要有她在的公共场所，耀眼的闪光灯、摄像机就会在那闪亮。16年中，她在新闻媒体中出头露面的频率、次数，让那些当今最红的明星，甚至亿万富翁、政界要员等都自叹不如。

戴安娜的美貌并不是一两个人认可的，而是举世公认的。年轻靓丽的戴安娜全身散发着青春、纯洁的美。戴安娜30岁时，已经是两个孩子的母亲，可是，她的美貌不但不减当年，反而为她增添了一分不可抗拒的妩媚和特殊的气质。超凡脱俗的美貌使戴安娜产生非同凡响的效应，由于她是王妃，英国新闻界竟然出现了一个新闻种类——戴安娜新闻业，这是以前从来没有出现过的情景。美貌可以给女人带来好运，但同时也会给人带来烦恼，戴安娜一生经历了荣华富贵、感情纠葛、不幸与幸运等等，这一切都印证了这一说法。王室的尊严与神圣，现代化媒体的大肆炒作，与生俱来的美，给戴安娜带来了一切她想拥有的东西，但同时也为她带来任何人都无法体会到的痛苦。

从一个单纯、妩媚的少女，到英国王妃，最后公然与王室决裂，同查尔斯王子离婚，这一非凡的经历，归根到底是因为她的性格所致。不管是媒体也好，崇拜她的人们也罢，欣赏的是她的娇美、妩媚、温顺的形象，而忽视了她大胆的性格。二者结合起来似乎形成了一副十分不协调的画面，但正是因为这种性格将戴安娜的人生演绎得更加精彩。

假如戴安娜没有天使般的面容，她肯定坐不上王妃的宝座，以此类推那些生活中的不幸当然也不会落到她的身上。作为王妃，戴安娜的确享受到他人可望而不可即的荣华富贵，但她所付出的代价也是常人无法想象的。

假如她是一个听从他人摆布，屈从于王室的清规戒律，逆来顺受，不同命运和现实抗争的王妃，即使她仍然是受世人爱戴的王妃，时至今日，人们对她的认识与评价可能也就只局限于王妃。

戴安娜小的时候，父母离异给她造成了巨大的心灵创伤。那时，年仅6岁的戴安娜和弟弟一起由父亲抚养，长期生活在庄园里。岁月在黑暗而漫长的寂寞与悲凉中流逝，在这期间她学会了照顾弟弟、体贴父亲。这为她的人生留下了一段苦楚的回忆。她曾对保姆说，等她长大以后决不离婚，为了孩子她以后不会走父母的老路。可是造化弄人，她长大之后却重蹈覆辙依然走了父母的路，把自己幼年时代的痛苦经历留给了两个亲生骨肉。

由于小时候的痛苦经历造就了她的性格。上学期间，戴安娜学习成绩并非出类拔萃，只能算得上是一般，所以父亲把她和姐姐送到瑞士一家礼仪学校学习。由于性格所致，戴安娜只在那里待了两个星期，所学到的唯一一项技能是滑雪。如果她可以预测未来，那么她上学时一定会用功读书，多学一些有用的东西，可命运偏偏和她开了个玩笑，让她与查尔斯王子邂逅了，而且还成为了英国的王妃。离开学校的戴安娜，没有找任何工作，因为她想到伦敦自行谋生，可是，由于她生活在富豪之家，父母不希望她离家为生活奔波，可是戴安娜却说服了家人，只身去了伦敦寻找自己的梦想。

戴安娜没有受过正规高等教育，除了跳舞、游泳之外，别无其他的技能，初到伦敦的她，为了生计去给别人当保姆。但戴安娜能够把握自己，不吸烟、不喝酒，没有任何不良的生活嗜好。戴安娜生活上洁身自爱，在与查尔斯王子接触前，她依然是美丽纯情的女孩，甚至在此之前根本没有真正地交过男友。

一次偶然的机会，戴安娜遇到了查尔斯王子，王子很快就被她的纯情、美丽深深吸引。同时，19岁的戴安娜也被王子的翩翩风度所吸引，对查尔斯王子产生了好感。查尔斯王子身为皇室贵族，身边固然少不了美女，但始终都没有找到最钟情的女人。他喜欢金发碧眼、身材高挑的美女，而戴安娜正属于这一类，因此，获得了王子的喜爱，最终成了一代英国王妃。

1981年7月29日，查尔斯王子和戴安娜举行了耗资巨大的"世纪婚礼"，那代表着戴安娜从此成了英国皇室的一员。

由一个平凡、普通的女人摇身一变成为了王妃，不仅是身份上有了翻天覆地的变化，还意味着她的一举一动都不再代表个人，而是象征着整个英国皇室的形象。戴安娜在英国王室女性成员中的地位是比较高的，除了伊丽莎白女王和王太后之外，就应该是她了。因此举手投足都要顾及自己的身份地位，这让她有很大的不适。从一个无忧无虑的女人突然间受到王室种种约束，而且要毫无商量余地地遵守，使她对那些陌生的"清规戒律"难以接受。摆在她面前的只有两个选择：第一，洗心革面改掉自己以前的一切习惯和与生俱来的个性，服从王室的规矩，做一个逆来顺受的、合格的王妃；第二，维护自我个性，追求真实的自我，充当叛逆王妃。最初，戴安娜还是向王室的规矩屈服了，决定控制自己的情绪，学会改变自己的性格，试着去做一位大方得体、被他人认可的合格的王妃。戴安娜获得了荣华富贵，可是这些是用她改变自己的性格为代价换来的。

在结婚之前，查尔斯在她的心目中不仅潇洒英俊，更具有神圣感和神秘感，她所向往的婚姻是一种童话般的婚姻。可后来，所发生的一系列的问题使她对婚姻极度失望。原来她心中敬仰的王子，现实中是个极其普通的男人，他不懂得讨女人欢心，而且二人的兴趣、爱好、性格都有很大的差别。所以，婚后的戴安娜很快便发现了家庭和宫廷的巨大差别。在这场婚姻中，她没有得到她所希望的那种温暖。尤其是寄予无限希望的、年龄比她大许多的王子，对她的爱并不是她期望的那样深沉和热烈。戴安娜对此非常失望，夫妻二人间的感情也不再像婚姻前那般美好。

在着装方面，英国王室对女性成员有明确的、不成文的规定，色调淡雅，但要醒目，如粉红色、浅蓝色、黄色和紫罗兰色等。裙子长度务必过膝，凡紧身、曲线毕露的衣服都被视作具有挑逗性衣服，当然也是不许穿的等等。为了适应这一切，戴安娜常常每天换四五次衣服。

身为一个王妃出席一些公共场合是必要的，所以必须注意言语。由于她没有受过高等教育，所以每逢这时，查尔斯的秘书都会为她准备一些材料，教她讲话，而戴安娜极其讨厌背诵这些东西，她骨子里的叛逆使她对这样的安排讨厌至极。可为了维护王室的尊严和守护王妃高贵的形象，她又不得不接受这样的安排。她越来越讨厌这种失去自我个性的生活，讨厌媒体无聊的炒作。

她是天生的主角，不管她和哪些王室成员共同出席哪一公共场合，照相机、摄像机镜头的主要焦点都是她，戴安娜的上镜次数成为世界上在最短的时间内上镜次数最多的女人。这一现象不免让其他王室女成员产生被冷落的感觉，嫉妒的生成也就顺理成章了。此外，她对王室种种"不适应"，以及逐步而来的"蔑视"的举止言谈，在王室中产生了很不好的影响。因此，查尔斯王子对她失望到了极点。当他们的第二个孩子出生后，他们的关系已达到无可调和的状态。

而在宫廷之外，戴安娜成为了令世界瞩目的明星，尤其体现在衣着打扮和发式上，她几乎牵动着全世界所有爱美女士们的神经。似乎戴安娜就是时尚，就是潮流。她的每个发式，穿的每种款式的衣服、鞋子肯定会引起世界上各地女人的效仿。如她的衣服是蓝的，那么蓝色就一定会成为流行色，人称她是"国际服装大使"。从她那婀娜多姿的身段中和耐人寻味的气质中，流露出成熟女性不可抗拒的美。

从一个普通纯情的女人，变成王妃和少妇，最后成为"国际服装大使"，这一离奇的人生经历说明了许多问题。关键一点就是戴安娜坚守着自己的个性。如果说，性格决定命运的话，那么戴安娜从一个清纯的普通女子，变成一位受人尊敬的"合格王妃"，再演变成一位"叛逆王妃"，在这一过程中，充分描述了她与王室的"清规戒律"抗争的足迹。

戴安娜的种种表现，越来越与王室的规矩格格不入，其中比较突出的是服饰。她的服饰五颜六色，式样多种多样，从头到脚都显得与王室那不成文的规定格格不入。她不仅有雍容华贵的礼服，也有许多新颖别致的服装，那些被王室称作具有挑逗性的衣服戴安娜也来者不拒。她的这一举动，鲜明地表现了她的叛逆性格，这样的王妃已经脱离了英国王室的轨道，可是戴安娜却在其中找到了自我，寻得了快乐。类似这样的事件又何止一件。

戴安娜的种种行为明显与王室生活背道而驰。因此，戴安娜和查尔斯看似美满的姻缘从此彻底地决裂了。他们从分居开始，婚姻已经彻底名存实亡。当两个人的婚外情被媒体曝光后，离婚是二人唯一的选择。1996年2月28日，戴安娜和查尔斯王子正式离婚。

离婚后戴安娜依然楚楚动人，依然是媒体关注的焦点，声望并没有因离婚而受到影响，她的一举一动仍然被媒体所"监视"着。为了实现自我价值，她把主要精力都放在了慈善事业上。离婚前她不仅是"国际服装大使"，还是一位"慈善大使"，她曾在100多家慈善机构兼职，并且担任红十字会副会长职务长达13年，世界上许多国家都留下了她的足迹。离婚后，她代表国际红十字会来到饱受战争折磨的安哥拉，步行深入到已有7万人死于地雷的地区慰问等等，这样的举动举不胜举。因此，她被称为"人民王妃"。

从"柔美王妃"到"叛逆王妃"再到"人民王妃"，戴安娜永远是人们关注的焦点，这是她自己也左右不了的。

1997年8月31日，为了躲避记者们的骚扰，戴安娜所乘坐的汽车由于高速行驶发生车祸，戴安娜不幸身亡。

由于她那大胆叛逆的个性注定她与王室生活不协调，因此她不能成为英国王室成员心目中合格的王妃，同样是由于她叛逆的性格，又使她深受人民的爱戴而成了一代人民的王妃。虽然她过早地离开了人世，却给自己的人生画上了一个圆满的句号。

### ❈ 马上试一试 ❈

每个人都有权利选择自己的人生之路，然而有些人却因为各种各样的理由委曲求全，不愿意改变已有的生活方式，殊不知这样的人生已经失去了意义，根本不能焕发出令自己满意的光彩。性格大胆的人敢于选择自己的人生之路，活出自我。与其羡慕性格大胆的人，不如完善自己的性格，做独一无二的自己。

# 3. 顶住风险，放手一搏

所谓"大胆天下去得，小心寸步难行"，一个人如果不具备大胆的性格，做任何事情都不会取得成功。

20世纪初，一直以自由著称的美国，却要求妇女束胸，并且以胸部平坦为美，尤其是少女。为了成为别人眼中文雅、贤淑的"标准美女"，女孩子从小就把胸部紧紧地包扎起来，这是一种极大的痛苦，但是世俗要求她们必须这样做，没有选择的余地。在当时，一个高高耸起胸部的女人，被归类为下等人，被认为没有教养，甚至在社会上受到鄙视。

就在这时，美国妇女们的救星来了，她是一位叫依黛·罗辛萨尔的俄国商人。她童年时背井离乡来到美国，二十几岁就早早地结了婚。婚后不久，对服装有着浓厚的兴趣的她，在新泽西州开始了她最初的事业——经营服装店。

开店后，依黛在服装设计上苦下功夫，她有时甚至坐在马路边，观察过往行人的服装款式和人体特征，然后把观察的结果记下来，在这些基础上进行创新，设计出新潮款式的服装，然后再出售。结果竟然比想象中更成功，店里的顾客越来越多，就这样生意越做越好。3年以后，她已经小有积蓄，考虑到发展前景，依黛决定到当时美国的服装中心纽约发展。

依黛到纽约后不久，由于她的服装设计很独特，一位很富有的邓肯太太非常欣赏她，于是投资与依黛共同开了一家服装店。服装店生意不错，但是依黛却在想：服装不同于别的产品，它"更新换代"的速度太快，而且竞争对手越来越多。虽然自己设计的服装还跟得上潮流，但是不排除有一天自己会被淘汰出局。为了避免这样的可能，她决心设计引领潮流的"新款"服装，把自己的服装店开得更加红火。

有了这一想法之后，依黛开始从突破传统服饰方面思考，经过很长一段时间的观察，她把注意力集中在束胸女人的身上，认为这可能是开拓市场的重要突破口。束胸给女人带来极大的痛苦，如果设计出可以解除束胸痛苦的服装，那么就一定会大大地打开纽约甚至整个美国的市场。但同时，她也想到了，这是在打破世俗，其阻力必然会非常巨大。于是她决定采取循序渐进的方式，以免招致惨败。深思熟虑过后，依黛想出了一个"折中"方案。她着手设计一种小型的胸兜，来代替当时妇女们用的捆胸束带。为了掩饰高耸的乳房，她在上衣胸前缝制两个口袋，这种设计可以减轻一定程度的束胸之苦，产品推向市场时，她给它取名叫"胸兜"，胸兜一上市便成了少女们的最爱，并且由于巧妙的掩饰设计，并没有引起社会上的指责，所以依黛初战告捷。

如此一来，依黛的创作激情更加高涨，思考空间也一下子扩大了许多。除了赚钱之外，为了冲破世俗偏见，她下决心设计出一种彻底解除女性束胸之苦的服装，从而开创出一个更加适合妇女天性、自然美丽、大方得体的女性服装时代。

依黛充分发挥自己的想象力，在她设计的胸兜的基础上，加以引申发挥。没过多久，具有一定意义的、标志女性解放的胸罩诞生了，整个过程并没有遇到什么困难。但是，胸罩做好后，还是让依黛犹豫了，甚至还有些恐惧：自己真的能够冲破传统吗？一旦遭到社会的抵制，不但赚钱不成，服装店也得就此关门。可是，如果不将其投放到市场，那么自己的辛苦就等于白费，而自己的理想就永远也不能实现。依黛经过多日思考，又与邓肯太太商量后，她最终决定将胸罩投放市场。

依黛没有盲目行动，在上市之前，她做出相应的计划：

第一，拿出一部分资金投资成立"少女宣传队"以壮大声势；

第二，不在报纸上做广告，以减轻社会舆论压力。

这样，全美国别具意义的胸罩在纽约市场上出现了，"意料之中又是意料之外"的情形出现了，胸罩很快被抢购一空。而最初担心的问题竟然没有发生，虽然也有少数人对其持批评态度，可是并没有引起强烈的抵制，最担心的那些报刊舆论也没有出现，相反的是胸罩一批接着一批地上市，一直呈供不应求的趋势，销售直线上升，市场越来越大。几年以后，公司由十几名工人增加到数千职工，销售额上百倍地增长，成功地打开了整个美国市场，即便是在第二次经济危机袭来时，依黛的胸罩业仍然充满生机，不但实现了依黛开创女性服装时代的梦想，而且创下服装史上空前未有的业绩。

依黛凭着她大胆的性格，以及精湛的设计技巧、智慧的头脑，冲破了世俗的观念，抓住这个潜在的、符合人性的商机，让自己走在了时代的前沿，步入了成功的殿堂，最终成为时代的强者。

### 🌸 马上试一试 🌸

要想走在社会的前沿，必须要能够顶住风险。在关键时刻，更要有放手一搏的胆量。而这种胆量就来自于你的大胆性格，所以说，欲成大事要先完善大胆性格。

# 4. 挑战旧制，大力革新

"循规蹈矩、老实拘谨、鲜于冒险"是墨守成规性格的突出表现，这种性格的人很难有所作为，即使坐到公司的管理高层也不会是一个好的管理者。只有完善大胆的性格，才会敢于向陈旧的制度挑战，通过大力革新迎来事业上的欣欣向荣。

通用电气公司总裁杰克·韦尔奇，在最初接管公司时，这家已经有117年历史的公司机构臃肿，等级森严，对市场反应迟钝，在全球竞争中正走下坡路。

在韦尔奇之前的总裁，他们只选择修补，而不去彻底改造这条船。然而，韦尔奇和以往老总的性格不同，他性格比较大胆，愿意挑战，他不想在原有的制度上进行"修补"，他认为那只是"换汤不换药"而已，不断开拓创新的性格告诉他：要想在变化如此迅速的环境中生存下来，通用电气就需要一种新的观念，一种新的策略。从韦尔奇第一年进入通用时起，他就深知官僚主义和冗员的恶果，如今终于可以实施自己的计划了。

上任初期，韦尔奇就说："10年以后，我们希望通用电气公司会被人看作独一无二、精力旺盛、富有苦干精神的企业，成为举世无双的第一流公司。我们要使通用电气公司成为世界上获利最丰厚、经营范围高度多样化的公司，使它的每一种产品都在同类产品中处于世界领先地位。"

通用公司有很多松散杂乱的企业，韦尔奇决定先从这些企业着手。于是，他对通用电气公司所有企业的长处和短处进行了一项仔细的研究。韦尔奇回忆当年的变革时说："开始的时候，我的步子迈得不大。我的前任是我所崇拜的一位传奇人物，而我却要改变他所做的事情。"

在认真研究后，韦尔奇认为，首要的任务是提高公司的股票价格。通用公司是由几百家经营性质不同、发展方向各异的企业构成的，这样的形象本身就无法取得华尔街的信任。如果要提高股票价格，必须改变公司的不良形象，这就需要一个新的组织机构来改变公司的形象。

为此，韦尔奇提出了著名的"数一数二"的概念。他预言，美国企业界在20世纪80年代的主要敌人不是市场而是通货膨胀，它将导致全球性的增长停滞。在这种形势下，竞争行列里居中的产品销售商和服务商将没有存在的余地，如果要避免被淘汰的命运，就必须发现并参与真正能产生增长的工业门类，并做行业里的第一名或第二名。韦尔奇说，成为第一名、第二名的策略只有在通用公司采用某种"软价值"的基础上才能奏效，最重要的是"面对现实、注重质量、追求杰出以及发挥人的因素"。

以往通用电气把子公司看作孩子，即使它们经营失败，母公司也不会将它们抛开不管。韦尔奇说这场革命需要克服这种传统，改变这种陈规陋习。通用电气大家庭内部的新标准将会使工作卓有成效。一个子公司如果经营失败，没有达到第一名或第二名，公司就会抛弃它。这样做可能会导致公司成千上万的雇员失业，但韦尔奇认定，这种改革对公司的长远发展来讲是有益的。

韦尔奇经过十几年的不断改革，公司雇员减少了25％，调整为12个企业。从1995年开始，通用电气成为全球最强大的公司，市场价值总额达到了1570亿美元，1996年公司利润为74亿美元，成为美国最赚钱的公司。

通用电气的产品种类多，从电冰箱、照明灯到飞机引擎等都在其生产范围内，但是很少有人知道，韦尔奇还有一个资本服务公司。资本服务公司是通用电气的子公司，其实它更像是一个"核电厂"，尽管它并不耀眼，但是伴随着利润的快速增长，资本服务公司日趋成熟。华尔街一位资深分析家估计，从1991年到1996年，如果没有资本服务公司，通用电气的年营业额每年只会增加4％，而现在却翻了一番，达到9.1％。资本服务公司的经营范围很广，从信用卡服务、计算机程序设计到卫星发射，样样俱全。由此，我们可以看到资本服务公司的重要性。在1996年就有人做过预测，假如让资本服务公司从通用电气独立出来，它将以327亿美元的营业额名列"财富500强"的第20位。

资本服务公司有一整套管理体系和行之有效的经营策略。它既有追求高速增长的雄心，还有开拓者一往无前的勇气，也有令人羡慕的庞大的市场信息网。资本服务公司的CEO盖瑞·温迪特认为，公司之所以能一往无前，最重要的是受益于与通用电气千丝万缕的关系。他说："通用电气对我们来说，最有价值的是它的战略管理，杰克·韦尔奇不仅仅是一位杰出的总裁，也是一位卓越的战略家，他知道如何通过资本服务公司实践他的管理之道。"温迪特认为，低成本的企业文化氛围和在通用电气内部自由流通的市场信息是促使资本服务公司成为商场上佼佼者的重要因素。

一些员工认为，杰克·韦尔奇有点贪得无厌，因为在制定资本服务公司的年利润指标上韦尔奇毫不手软，他希望资本服务公司能不断挑战自己的极限。在这方面，温迪特深有感触，他说："在韦尔奇制定目标后，我使这个目标上升15%，但是韦尔奇又会把目标提高20%。"

作为资本服务公司的主管，由温迪特及其他5人组成的高层管理团队很少在资本服务公司总部，而是经常待在市场里，密切注意市场的最新动向。

资本服务公司主要通过为一些濒临破产的公司注销债款或承担债务的做法来挽救这些公司。1983年美国北方铁路公司陷入困境，资本服务公司承担了它的债务，将北方铁路公司变成一家出租列车的公司，而现在这是一项获利丰厚的生意。对通用公司而言，资本服务公司主要是提供大批有价值的客户。资本服务公司为通用电气旗下其他子公司的客户提供大量贷款，以帮助这些子公司，为其与客户签订大宗合同铺平道路。

美国一位市场分析家说："这种'养鸡取蛋'的做法，使资本服务公司成为杰克·韦尔奇打败竞争对手最有力的一张王牌。"其实，就是领导者韦尔奇大胆开拓的性格和超乎寻常的智慧，将通用公司带入一个更大的发展空间，使其越做越大、越做越强。

### 🌸 马上试一试 🌸

当旧有的管理制度阻碍了公司的发展时，改而不革是行不通的。此时，性格大胆的管理者会当机立断，大刀阔斧地革除各种弊端，使公司起死回生，不会因在旧制上缝缝补补而逐渐陷入困顿之中。

# 5. 变换思维，大胆尝试

遇到难题时，如果一味地顺着一个思路想问题，可能会越想越难，容易故步自封。此时，性格大胆的人敢于尝试，善于换位思考，从另一个角度重新审视自己和周围的环境，从而找到新的人生机遇和突破点。

很多人不敢创新，或者说不愿意创新，是因为他们头脑中关于得失、是非、安全、冒险等价值判断的标准已经固定，这使他们常常不愿意换一个角度想问题。

举一个例子，假如一个人有100％的机会赢80块钱，也可能有85％的机会赢100块钱，但是有15％的机会什么都不赢。在这种情况下，这个人会选择最保险安稳的方式——选择80块钱而不愿冒险去赢那100块钱。可如果换一种思维方式来思考这个问题，一个人有100％的机会输掉80块钱，另外一个可能性是有85％的机会输掉100块钱，但是也有15％的机会什么都不输。这个时候，人们都会选择后者，赌一下，说不定什么都不输。

这个例子使我们明白，平时我们之所以不能创新，或不敢创新，常常是因为我们从惯性思维出发，以至顾虑重重，畏手畏脚。而一旦我们把同一问题反过来考虑一下，会发现很多新的机会，可能会比较容易地到达成功的岸边。

著名的化学家罗勃·梭特曼发现了带离子的糖分子对离子进入人体是很重要的。他想了很多方法来证明，都没有成功，直到有一天，他突然改变从无机化学的观点去研究，而从有机化学的观点来研究这个问题，结果突破了束缚，取得了成功。

作为在平凡生活中追求梦想的普通人，换一种方法想问题所取得的成效，不亚于科学家的新发现。

一些专家研究汽车的安全系统如何更好地保护乘客在撞车时不受到伤害，最终也是得益于换一种方法解决问题。

他们想要解决的问题是，在汽车发生碰撞时如何防止乘客在车内移动，因为这种移动造成的伤害常常是致命的。在种种尝试均告失败后，他们想到了一个有创意的解决方法，就是不再去想如何使乘客绑在车上不动，而是去想如何设计车子的内部，使人在车祸发生时，最大限度地减少伤害。结果，他们不仅成功地解决了问题，而且开启了汽车内部设计的新时尚。

通过以上成功的例子，我们能够清楚地看到，改变做事的方式，可以使事情做得更好，相反，如果人云亦云，事情不仅办不好，而且还有可能搞得一塌糊涂。

纳克是一名伐木工人，为公司工作了三年却从来没有加过薪。不久，这家公司又雇用了另一名伐木工人亚蒂，亚蒂只工作了一年，老板就给他加了薪，而纳克这时还是没有加薪，这引起了他的愤怒，于是他就去找老板谈这件事。老板说："你现在砍的树和一年前一样多。我们是以产量计酬的公司，如果你的产量上升了，我会很高兴给你加薪。"

纳克回去了，他更加卖力地工作，并延长了工作时间，可是他仍然没有砍更多的树。他回去找老板，并把自己的困境说给他听。老板让纳克去跟亚蒂谈谈："可能亚蒂知道一些我们都不知道的东西。"于是，纳克就去问亚蒂："你怎么能够砍那么多的树？"亚蒂回答："我每砍一棵树，就停下来休息两分钟，把斧头磨锋利，你最后一次磨斧头是什么时候？"

这是问题的要害，纳克找到了答案。

我们的问题是：你最后一次磨斧头是什么时候？很多人形成了思维的定势，考虑问题都是程序化的，不会随机应变。如果这样，自己的思维就不会有所提高，思路就不会开阔了。

因此，聪明的人都主张进行积极的思维活动，主张创新。

在现实的生活中，当人们解决问题时，时常会遇到"瓶颈"，这是由于人们看问题只停留在同一角度造成的，如果能换一换视角，也就是换一种方法考虑问题，情况就会改观。

### 马上试一试

很多时候，成功是在尝试中得来的，在科研方面尤为突出。一次尝试可能不会成功，但却能够培养一种思维方式。这就需要人们完善大胆性格，勇敢地去尝试，成功就会变得容易。而且，在尝试的过程中，一个人的思维方式会逐渐增多，如果在将来遇到问题的时候，就能够更加全面地去思考解决问题的方法。

# 6. 敢想敢干，成就非凡

性格大胆的人在骨子里有一种不服输的精神，尽管生活给予了他们太多磨难，一次次阻碍他们实现目标，但他们毫不惧怕，仍然选择果断放弃眼前的生活，选择自己喜欢的行业去努力拼搏。

亨利·福特于1863年出生在美国密歇根州底特律市郊的一个小城，在父母的呵护下渐渐长大。

亨利·福特是家中长子，聪明好学，所以被父母确定为农场的继承人。但是福特却对农场毫无兴趣，对机械的研究倒是有着浓浓的爱好。在福特童年时，参观蒸汽机给他留下了深刻的印象，更加深了他对机械的热爱，他始终认为机械中有一种神奇的魔力在吸引着他。于是，他决定放弃继承权。在当时如果长子不继承父母留下的家业而另外开辟事业，是一种大逆不道的行为。可是亨利·福特在17岁时，毅然地破除了陈旧的思想观念，走上了自己人生的坎坷路，为着胸中伟大的事业而努力跨出了追求梦想的第一步。

亨利·福特放弃安逸的家庭生活只身离开了家乡，独自一人去了底特律，并在一家拥有2000人的最大的汽车制造厂找到了一份工作。可只干了6天就被辞退了，辞退的原因很荒谬，"该公司最优秀的工人几个小时才能修复的机器，而他只要半个小时就能完成，为此那里的老员工对他产生了意见"。福特没有为此而失去信心。后来，他又先后做过机械修理、手表修理、船舶修理等工作，福特清楚地知道要实现自己的目标，增加知识、提升自我是非常重要的，所以他一边工作一边参加夜校学习，为以后成立一家属于自己的制造机械的工厂而努力。

现实往往总是残酷的。在底特律打工的日子里，挫折打击不断向他袭来，成立钟表厂的梦被打碎，他于是开始研究内燃引擎，可是好事多磨，他再一次受到了打击，在研制内燃引擎时处处碰壁，年轻的他经受不住失败的折磨，于是变得心灰意冷，对自己的梦想失去了信心，开始怀念家乡的生活，终于下定决心回到了生他养他的农场。

返回故土的福特，实现了父亲的愿望，继承了农场。但福特对机械的热衷始终没有消减，反而更加浓烈了。正当福特沉迷在发明创造的快乐中时，时间悄悄地流逝。福特在一次酒会上结识了一位棕色长发、蓝色大眼睛的女孩克拉·布莱思。那时克拉·布莱思年仅18岁，温柔美丽的她与福特一见如故。四年后，两人共同走进了婚姻的殿堂。他们一同居住在自己盖的小房子里，新房也成了福特的实验室和工作室。一天，正当克拉弹风琴时，福特"灵感"大发，跑过来对她说："克拉，赶快给我一张纸。"福特的这一举动让克拉感到非常莫名其妙，但还是随手递给他一张纸，福特拿过纸后，不一会儿，一个引擎的草图就生成了，"克拉，看，这就是我设计的汽车构造……"福特兴奋地喊道。

一个划时代的汽车就这样形成了。虽然说，在此之前已经有汽车的生成，汽车也不是福特一个人制造出来的，而是靠各先辈的智慧才制造出了汽车。然而亨利·福特却是其中最出色的一个。紧张而刺激的都市生活时刻在吸引着福特，刨土种地对他来说仍是一种折磨，于是他脑海中生出了一个想法，那就是设计一种可以烧汽油的发动机，并且让这个发动机驱动四轮车。如果成功的话，就可以让人们驾车上下班、旅游，马车的时代就会过去了。

这个想法在福特脑中扎下了根，即使连做梦都想着如何实现它。"一定要到繁华热闹的大都市去，走出农场，去底特律！"10年后的他又一次去了底特律，不同的是这次不是只身一人闯天下，还带着他温柔可爱的妻子克拉，尽管克拉非常不舍得扔下那个温馨的家，可是为了丈夫她没有半句怨言陪着他来到了人生地不熟的底特律。

当时正是一个新旧技术交替的时代，也就是燃油的机动车即将取代古老的马车。自从美国杜里埃兄弟在1893年设计出美国第一辆用汽油发动的汽车后，许多人都对此产生了想法，对汽车这个行业跃跃欲试，但是要想做出成绩是非常困难的。

福特把大部分的精力都放在汽车的研究上，在朋友的支持帮助下终于在1896年6月4日，制造出了第一辆汽车，虽然它看起来外形怪异，速度极慢，但它却是福特和朋友们的辛勤努力的结果。它不但是福特的第一辆汽车，也是底特律的第一辆。福特驾驶着这辆车在城里转来转去，这个"怪物"吸引了许多人的目光，大家都叫他"疯子亨利"！

偶然一次机会，著名的发明家爱迪生接见了福特，福特激动地向爱迪生说明了自己的想法，并得到了爱迪生的称赞和鼓励。因此，福特辞去了工作，潜心钻研汽车。终于在1899年，他成功地研制出了第二辆汽车。

　　1901年，一年一度的全美汽车大赛拉开了序幕，福特亲自驾驶着自制的赛车参加了汽车大赛，并夺得了冠军。从此，福特在全国声名大噪，成了底特律的英雄人物。

　　1902年，他又参加全国性的汽车大赛，也远远地超出了第二名。两次车赛的胜利使他大出风头，同时还结交了许多非常有钱的朋友，为以后的创业奠定了坚实的基础。并于1902年11月，成立了福特汽车公司。

　　福特之所以会成功，就在于他具有大胆性格，在面对磨难时没有退缩。虽然迈向目标的路坎坷不平，但他还是实现了自己的目标。

### ❀❀ 马上试一试 ❀❀

　　人人都有梦想，但实现梦想一定会经历一些磨难。面对磨难，只有性格大胆的人敢于坚持下去，因此也只有这种人才能将梦想变为现实。

# 7. 勇于认错，敢于承担

　　性格大胆包括很多方面，犯了错误后敢不敢认错、怕不怕承担责任，同样能够用来判断一个人是否具有大胆的性格。正所谓"好汉做事好汉当"，性格大胆的人在犯了错误后不会推卸责任，即使这样做会给自己带来损失。正是有了这种勇气，他们常常能够得到社会的认可和原谅。

　　有一次，美国亨利食品加工工业公司总经理亨利·霍金士突然从化验室的报告单上发现：他们生产食品的配方中，起保鲜作用的添加剂有毒，这种毒的毒性并不大，但长期食用会对身体有害。另一方面，如果食品中不用添加剂，又会影响食品的新鲜度。

亨利·霍金士面临着选择，是诚实还是欺骗，综合考虑了一下后，他认为应以诚对待顾客，尽管自己有可能面对各种难以预料的后果，但他毅然决定把这一有损销量的事情告诉顾客。于是他当即向社会宣布，防腐剂有毒，长期食用会对身体有害。

消息一公布就激起了千层浪，霍金士面临着巨大的压力，不仅自己的食品销售额锐减，而且所有从事食品加工的老板都联合起来，用一切手段向他施加压力，同时指责他的行为是别有用心，是为一己之私利。在这种产品销量锐减，又面临外界抵制的情况下，亨利公司一下子到了濒临倒闭的境地。

苦苦挣扎了4年，亨利·霍金士的公司危在旦夕，但他的名声却家喻户晓。这时候，他的命运发生了转机，政府站出来支持霍金士，在政府的支持下，加之亨利公司诚实经营的良好口碑，亨利公司的产品又成了人们放心满意的热门货。由于政府的大力支持，加之他诚实对待顾客的良好声誉，亨利公司在很短的时间里便恢复了元气，而且规模扩大了两倍。也因此，亨利·霍金士一举登上了美国食品加工业霸主的位置。

还有一个小故事：

曾经有个博学的老和尚，带着一个颇有慧根的小和尚在山上静修。后来，小和尚受不了寺庙里清苦的生活，偷偷下山再也没有回去。多年以后，小和尚仍然为自己犯下的错误而自责，但是他没有勇气向老和尚承认错误。

有一天，小和尚望着小桥下的流水、蓝天上的浮云，感悟这复杂的人世，顿然悔悟。终于下定决心，鼓起勇气回寺庙向师傅请罪。

他跪在老和尚的面前，诚心诚意地请求师傅原谅他。

原来，自从小和尚逃走以后，老和尚以为他迷路了，痛苦万分，为了寻找他，老和尚走遍了大江南北，从来没有放弃过寻找他的念头。

现如今，看到小和尚竟然自己回来了，老和尚愤怒到了极点，告诉小和尚："要我原谅你也可以，除非佛珠上能长出莲花。"

小和尚坚信师父一定能再原谅他，于是，他一直跪在师父的房门外，默默等待师父的原谅。第二天，当老和尚醒来时，一睁眼，便看到胸前的念珠，洒落在地上，而且每一颗念珠上都长着美丽的莲花……

由此可见，用勇气和诚心改正错误，结果一定能够得到别人的谅解。

知错能改，善莫大焉。如果因为性格胆小而不敢承担起属于自己的那份责任，即使逃脱了惩罚，没有受到损失，也会在不久的将来被揭发。到那个时候，一切都晚了。所以，大胆性格对一个人非常重要，人们要试着去完善它。

# 8. 敢为人先，一变即通

性格大胆的人不愿意跟风，敢于做第一个吃螃蟹的人。正是因为敢为人先，他们常常能够引领潮流，成为所在行业的领军人物。

传统的理念总会束缚着人的神经，使人做起事来畏首畏尾，但有那么一部分人却不受传统思想的束缚，他们想突破传统思想的禁锢，把事情做得更好。

现在分期付款买汽车已不是什么新鲜事，在汽车销售行业这是一条极其有效的销售策略。最先用这种方式销售汽车的人就是打破传统思想的人，事实证明了它的可行性。而这不算高明的"高明策略"也引领了一个时代的发展。

推销是一切经营活动的起点，这是任何一名推销人士必须承认的市场规则。

艾柯卡从做推销员的第一天起，就明白没有推销就没有经营的道理。而他本人在实践中也身体力行，丝毫不苟。他的事业的成功正是得益于他扎实的推销能力和敏锐的思维。

艾柯卡一直都有一个梦想，那就是有朝一日能够成为福特公司的一员。1947年6月他终于如愿以偿，来到美国汽车制造业中心——底特律城，成为一名福特公司的见习工程师。

福特公司有一个传统的制度，这个制度规定每一个见习工程师必须在全公司各个部门锻炼，它的目的是要求工程师们在每个部门停留几天，熟悉制造汽车的每一个步骤。

　　艾柯卡对公司的安排表示理解，他很愉快地和同行们被分配到全球最大的制造厂，锻炼学习。但是，现实远远没有他想象的那样美好，这并不是说他受不了这种苦，而是他接触不到自己所喜欢的营销部门。在那里，艾柯卡仅仅待了9个月，不到受训时间的一半，他就对制造行业失去了兴趣，他渴望去销售部门。

　　经过深思熟虑，艾柯卡终于决定向公司提出回到营销部门的要求。公司很快就给出明确答复："我们希望你能留在福特，也不反对你的意见，但如果你决定走销售这条路，你必须先证明你的能力，出去推销你自己。"

　　艾柯卡很快就被分到在纽约区的汽车销售部，从底层柜台开始做起。艾柯卡自认为遇上了好时机。他这种分析也不无道理。因为在第二次世界大战时期不生产民用车辆，汽车成了当时的稀缺货，尤其是在第二次世界大战结束后的几年。汽车立刻成为抢手货，需求量大增，每一辆都以定价卖出，而且只多不少。

　　不久，艾柯卡就以其出色的业绩而被公司提拔成为得州胡克贝茨城的经理。他和经销商继续保持了以往的密切合作方式，因为他明白这些经销商是美国汽车的灵魂所在。他们也是福特公司固定的销售渠道，因此他以最好的售后服务来回报他们。

　　多年后，艾柯卡在总结他的成功因素时说：主要得益于他自己提出的化整为零的销售方式。

　　事情是这样的，1958年新型福特汽车刚刚上市之后，销路还没有打开，几乎收不到任何订单，尤以费城地区销路最差，迟迟地打不开局面。

　　面对这种行情，艾柯卡忧心如焚，以前在费城当过几年推销员的艾柯卡一边推销汽车，一边进行市场调查研究。在这次调查中，他收获颇大，原来，并不是这个地区的居民不想买，而是他们的收入除去生活费以外，就所剩无几了，哪里敢奢谈买汽车。

　　艾柯卡经过研究，认为以往的销售大大地制约了公司的发展，只有改变才有出路。于是他决定打破传统的销售方式，针对这个消费层的顾客，他设计出了一种灵活多变的方法，即要他们在这些日常开支之后，再增加一项以日常开支方式购买1958年新型福特汽车的办法，首先交相当于总售价15%的定金，以后在4年之内，每月付款58美元，在4年之后这辆车便属于顾客本人。

这种方式有很大的优点，它使那些工资不高的消费者敢于去购买。除此之外，他还为此配了一个既醒目又吸引人的广告："一个月只要付出58美元，就可拥有福特58型新车。"这句广告名词一出，便起到了非常大的效果，打动了千百万消费者的心。

短短3个月内，这种新型汽车在费城的销售量一路飙升，很快就居全美国各地区之首，艾柯卡也因此一跃而成为福特公司华盛顿地区的经理。

艾柯卡这一改变传统举动的高妙之处就在于他抓住了人们看重近利的心理，用"化整为零"的方法，宣传一个月只需58美元就可以买一辆新车，这无疑是一个对人们有很大诱惑力的宣传，因而获得了成功。

广告具有软硬之分，花钱做的硬广告虽然可以风行一时。但是，构思精巧的软广告却有可以传遍市场每一个角落的优势。艾柯卡正是这样一个善于运用软硬招数打开广告之门的人。他十分重视顾客的意见，他经常邀请所辖地区的顾客到汽车厂做客，并请他们对新汽车发表评议。

有一次，当一些顾客对新型车发表感想之后，策划人员发现白领阶层的夫妇非常满意型号为"风神"的车型，而蓝领工人则认为车虽然很好，但买不起。两种截然不同的反应引起了艾柯卡的注意，后来，他请他们估计一下车价，几乎所有的人都高估至少8000美元左右。他由此得出一个结论："风神"车太贵就不会有很多人买。当他告诉客人"风神"车的实际价格只有2500美元时，许多人的第一反应都是诧异："开玩笑？我要买一部！"

艾柯卡知道定价既是销售的一个重要环节，同时也是一门高深的学问。要制定一个既符合公司利益也使普通顾客能够接受的价格，最重要的就是要摸透消费者的心理。据此，他又出奇招，最后将"风神"汽车的售价定为2000美元。

当企业目标确定之后，艾柯卡频出妙招。广告宣传活动就成了开路先锋。艾柯卡是一个非常重视广告策划、宣传的企业家，为了推出这种新产品，他委托桑斯广告公司为"风神"的广告宣传工作进行了一系列的广告策划。

艾柯卡在新型"风神"车上市的第一天，就根据既定计划，安排180家权威报纸用整版篇幅刊登了"风神"车广告，旨在突出这款车的物美价廉。这部广告重点突出的是便宜的价格和良好的性能，这是最吸引人的地方，因此艾柯卡把广告定位在这一点上，在广告画面上：一部白色"风神"车在奔驰，在右上方，大标题是"出人意料"，副标题售价2000美元。这一步广告宣传，是以提高产品知名度为主，进而为提高市场占有率打基础。

艾柯卡还邀请各大报纸的编辑到迪特南斯为新车大造声势，他供给每人一部"风神"车进行大赛，同时还邀请200名记者亲临现场采访。这样还同时吸引了大量普通观众，间接地提高了产品的知名度。

艾柯卡的高明之处在于，他巧妙地使用了障眼法，从表面上看，这是一次赛车活动，实际上，这是一次极富广告韵味的宣传活动。事后有数百家报纸、杂志争先恐后地报道了"风神"车大赛的盛况。

艾柯卡并不仅仅满足于报纸传媒的造势。他把精心策划的宣传攻略，进一步拓展到了电视领域。选择电视媒体作宣传，其目的就是为了扩大广告宣传的覆盖面，提高产品知名度，从而使产品家喻户晓。从"风神"上市一开始，各大电视网就不厌其烦地每天重复播放"风神"车广告。

这部电视广告片也是经过周密策划的，而且艾柯卡还花巨资，启用了国内广告界最强的阵容。它是由汉森广告公司制作的，其内容是：在一望无垠的大沙漠中，一个渴望成为一流赛车手的年轻人，驾驶着漂亮的"风神"车在飞驰。随后飞扬的风沙逐渐形成了广告词"出人意料"。对观众成了强烈的视觉冲击，令每一个看过的人都久久难以忘怀。

艾柯卡的目标是让在每一个角落里的人都能了解"风神"汽车的优越性，因此他还竭尽全力在美国各地最繁忙的17个飞机场和360家假日饭店展览"风神"汽车。以实物广告形式，激发人们的购买欲，并且选择最显眼的停车场，竖起巨型的"风神"广告牌以吸引过往的行人。

在上述计划完好地付诸实施以后，艾柯卡还向全国各地几百万小汽车车主，寄送广告宣传单和实物。此举是为了达到直接促销的目的，同时也表示公司忠诚地为顾客服务的态度和决心。

毫无疑问，艾柯卡导演了一部称得上具有铺天盖地、排山倒海之势的广告巨片，在上述几大步骤实施后的一周内，"风神"便轰动整个美国，风行一时。

在"风神"上市的第一天，就有数以万计的人涌到福特代理店购买或预定，大大突破原先设想的销售量为8000部的广告指标，后来销售数字增加到20

万部，取得空前的成功。

这一显赫的成绩，使艾柯卡一举成为"风神车之父"。由于艾柯卡策划有方，取得了成功，他终于为公司所重用，被破格提升为福特集团的总经理，很多美国人把他看成是传奇式的英雄人物。

电视广告作为传媒业新兴的骄子有其无可比拟的优势，艾柯卡正是看中了这一点，在投入巨资的同时也得到了丰厚的回报。他不仅推销出一辆辆崭新的汽车，更把自己成功地推向企业管理的前沿。

古语云"工欲善其事，必先利其器"，在"利"与"善"的因果关系链的终端就是令人心动的机遇。任何一名成功的营销人士都懂得理解顾客的处境，因为这对企业而言，就是制定灵活多变的营销政策的根据，也是企业发展的良好契机。

同样，在解决一些事情的时候，也要勇于打破常规，把握机遇，寻求突破，这样会把事情解决得更好。

### 🌸 马上试一试 🌸

穷则思，思则变。当不能用常规方法解决问题时，不妨在分析局势后大胆地运用别人还未尝试的方法。当奇迹产生后，你也将成为一个奇迹。

# 9. 不畏强手，夹缝求生

什么是路？就是从没有路的地方践踏出来的，从长满荆棘的地方开辟出来的。不过，只有性格大胆者才可能开辟出属于自己的路。对于一个在社会竞争中处于劣势的人来说，更应该有不畏强手、夹缝中求生的勇气和胆量。只有如此，才能找到适合自己发展的空间。

只要竞争存在一天，优胜劣汰的规律就不会改变。如今，竞争的激烈程度有增无减，无论身处哪个行业，都必须接受竞争的考验。是否能够在竞争的熔炉中百炼成钢，先要看自己的实力能否有资格成为行业中"大哥级"的竞争对手。因为，如果你的实力远远低于他们的话，他们将会"害怕"和你竞争。

有这样一个故事：

鼬鼠向狮子挑战，遭到了狮子的断然拒绝。鼬鼠以嘲讽的语气挑衅道："哼，难道你怕了？""岂止害怕，而且非常害怕，"狮子从容说道，"接受你的挑战，虽然你不能胜出，也可以此为荣。可是，尽管我把你打得鼻青眼肿、卧地不起，我也会遭到所有动物的耻笑。"

如果你现在只是一只力量薄弱的鼬鼠，而对手却是一只威猛无比的狮子时，最好不要斗胆去挑战，因为对手不是"害怕"你的实力，而是对你感到不屑。

任何事物都具有两面性，竞争同样如此。对于弱者来说，竞争是残酷的，因为时刻要面临被淘汰的危险；对于强者来说，竞争是可喜的，因为少一个竞争对手就多了一份生存空间。欲成大事者自然不愿意被淘汰，但要想做到这点，唯一的途径是使自己由弱者变为强者。当然，这是要讲究策略的。

当身处弱势时，不妨避开与强者的竞争，另辟蹊径，找到适合自己的新空间。

1957年，刚刚荣升台北市第十信用社董事会主席的蔡万春面色肃然。他明白，在台北的金融同行中，"十信"太渺小了，小到根本无人去理睬它。台北信用良好、资金雄厚的大银行非常多，稍有点名声的商家、企业、个人都把钱存放到它们那里去了。

蔡万春深知自己的实力不可与资金雄厚的大银行较量，但他坚信，大银行虽然财大气粗，但它不可能没有"薄弱"或"疏漏"之处，而那些"薄弱"或"疏漏"之处，就是"十信"的生存之地。

蔡万春在街头巷尾展开了调查，与市民交谈，跟友人商榷。功夫没有白费，他终于发现了各大银行没有重视的一个潜在大市场——向小型零散客户发展业务。

发现这一线商机后，蔡万春大张旗鼓地推出1元钱开户的"幸福存款"。一连数日，街头、车站、酒楼前、商厦门口，到处都是手拿喇叭、殷殷切切、满腔热忱向人们宣传"1元钱开户"种种好处的"十信"职员，令人眼花缭乱的各种宣传品更是满城飞舞。"十信"的这种宣传活动令金融同行们大笑不止，人人都在嘲讽蔡万春瞎胡闹："1元钱开户"根本行不通，连手续费还不够，更不必说要发展了。

然而，精诚所至，金石为开。奇迹出现了：家庭主妇、小商小贩、学生争先到"十信"来办理"幸福存款"，"十信"的门口竟然排起了存款的长队，而且势头越来越旺。没过多久，"十信"即名扬台北市，存款额与日俱增。

迈出了成功的第一步，蔡万春信心倍增。"不能跟在别人后面走，必须乘胜追击！"蔡万春经过仔细的观察分析，又发现了一个大银行忽略的市场——夜市。随着市场的繁荣，灯火辉煌的夜市不比"白市"逊色多少。按照不成文的惯例，银行是不在夜晚营业的。蔡万春大胆推出夜间营业，台北市的各个阶层一致拍掌说好，许多商家专门为夜市在"十信"开户。经过不断地完善发展，"十信"誉满台北。

就这样，涓涓细流成大海，"十信"很快发展成为一个拥有17家分社、10万社员、存款额达170亿新台币的大社，列台湾信用合作社之首。

资金雄厚了，蔡万春又有了新打算。1962年，蔡万春访问日本，日本闹市区的一座又一座金融业的高楼大厦给他留下了深刻的印象。他觉得这些雄伟壮观的大厦不仅令人难忘，更给人一种坚实感、信任感。回到台北，他不惜重金在繁华地段建起一幢大厦。原先讥笑过蔡万春的金融界同行又笑了，但不待他们将笑容收敛，"十信"的营业额呈直线上升，原先属于他们的那些客户，有许多已经跑到"十信"去了。

对于实力弱小的竞争者来说，激烈的竞争环境中危机四伏。要想生存下去，必须要正视竞争危机，找到适合自我生存的一片空间。蔡万春做到了，于是他成功了。

当你的力量引起了同行业中"大哥"的关注时，说明你已经成为他们真正的竞争对手。这个时候，你大可不必避其锋芒、另辟蹊径，而应该公开向他们宣战。每战胜一位"大哥"，你就向"大哥"的宝座靠近一步。

### ❀ 马上试一试 ❀

弱者虽然竞争不过强者，但只要会躲，总会躲过强者的攻击或践踏。因此，强者并不可怕，可怕的是自己没有一颗勇敢的心。

# 10. 敢于舍弃，稳收大利

有人说"双鸟在林不如一鸟在手"，这种做事手段虽然保险，但难以获得更大的益处。性格大胆的人不会采取这种方式，在有一定把握控制大局的前提下，他们敢于舍弃意料之中的小利，耐心等待着即将到来的大利。

20世纪80年代初，随着大陆市场的繁荣，西装开始成为大中城市着装的热点，香港的许多厂家都将产品先后打入了大陆市场。在此期间，曾宪梓也开始为"金利来"领带忙碌。不过，他并不急于把领带迅速打入大陆市场。

从1981年起，曾宪梓投资百万，借助大陆电视网大张旗鼓地做广告宣传，"金利来"领带很快就覆盖了大陆广告市场。人们只要打开电视机，准能听到那句意味深长的广告词："金利来领带，男人的世界。"然而，想乘机赚一笔的商人遍寻市场却没有发现"金利来"的影子。原来，这是曾宪梓有意造成的市场空缺，让销售和宣传有一段时空间断。按照价值规律，供不应求必然会引起产品价格上涨。采用这种方式，不仅能够使"金利来"领带顺利打入大陆市场，而且能够实现利润的最大化。

1983年，"金利来"不慌不忙地进入了内地市场。随着人们蓄积已久的购买欲望的迸发，"金利来"销量空前。曾宪梓故伎重施，在全力稳定大陆市场后又拉开对东南亚各国的市场攻势。两年后，"金利来"像主宰大陆市场一样主宰了东南亚市场。

曾宪梓的"时空间断式"推销法，在香港商界尚属首创。实践证明，这确实是高招。一般情况下，在进行大规模、全方位广告宣传的同时，产品销售热潮便已经开始，可被看作是机不可失的"黄金时刻"。然而，曾宪梓却将它放弃了，有意造成宣传与销售的时空间断，并耐心地等待长达两年之久，令消费者由好奇到寻觅，由寻觅到渴望，形成消费势能的递增蓄积，犹如大坝之于江水，人为地制造水位落差，最后形成一泻千里之势。

当有一定把握赚取大利的时候，千万不可为了眼前的小利而放弃了大好机会。从一些成功人士的经历中可以看出，大胆地舍弃一次赚取小利的机会，赢得的大利将会是小利的数倍、数十倍甚至数百倍。

# 11. 打出旗号，开创事业

当条件成熟时，自己做老板是一种明智的选择。虽然很多人都有过创业的想法，但真正走上创业之路的却没有几个人。究其原因，就在于没有大胆的性格。在某些时候，一个人的命运是否改变就在于他是否大胆地做了一次决定。

从1978年起，牛根生就在伊利公司工作，他从一名洗瓶工一直做到了副总裁的位置，可以说为伊利立下了汗马功劳，伊利也为他记下了辉煌的一页。

然而，1999年，伊利股份有限公司董事却认为牛根生不再适合担任副总裁的职务，并予以罢免，原因是公司的生产经营状况决定了牛根生已不再适合担任此职。

牛根生在伊利虽然获得了诸多荣誉，如："呼和浩特科技兴市贡献一等奖，呼和浩特市特级劳动模范称号"等等，但面对被免职，心里多少有些不平衡。他带着自己的荣誉，带着心中的梦想离开了伊利，当时他43岁。

牛根生深知在人才市场上他这个年龄段的人已经失去优势。因此，决定另起炉灶，创建自己的公司，心动不如行动，目标确定以后，牛根生就为此付诸行动并坚持不懈地为目标的实现而努力。

当时，和他一起被伊利免职的还有几名中层干部，他们重新组合在一起，共同策划大展拳脚的方案，再加上牛根生具有多年乳制品的经营管理经验和"乳业怪才"的称号，更坚定了他们获胜的信心。

人才是一个企业的核心问题，是企业的重中之重，牛根生首先就克服了这一困难。但是，万事开头难，事情并不总是一帆风顺。

创业之初，被免职的几个人手中都有一些伊利的股份，为了筹集资金他们卖掉了股份，凑了100多万元。要想成立公司，区区100万根本不够，在艰苦的条件下，他们只能一切从俭，以200元租了一间办公室，牛根生兼任董事长和总裁。

牛根生以前的老下属得知此事后，纷纷向他伸出了援助之手，为他融资，在亲戚、朋友的帮助下，他们很快筹借了700万元。然而困难与挫折再次降临到他头上。他们筹集资金700多万元人民币一事，被有关部门以非法集资而查处。

然而，困难并没有让他们放弃目标，心中依然坚守着"认准了就做，哪怕遇到再大的困难也要坚持到底"的信念，牛根生和同伴为了澄清事实，做了大量的工作，可结果在很长时间内还是受到了监控。磨难如雪球，越滚越大，这只是刚刚开始。

要创建公司，兴建厂房是当务之急，他们在和林格尔县盛乐经济园，找到了一片空闲的土地。

可是，在这片土地上有些老头树，虽然这些老头树没有多大的利用价值，可是一旦砍掉就会被戴上毁林的帽子，要知道这顶帽子可是不轻啊！但为了兴建厂房，这片老头树不得不砍掉，结果有人把这件事告到了国家林业局，事情顿时闹得满城风雨。后来，在和林格尔县县长的帮助下，他们才在困难中解脱。

据牛根生回忆说："企业新生时，每走一步都非常艰难。"如今回忆蒙牛初创的过程，用"艰难奋进，顽强拼搏"八个字来形容一点也不为过。

牛根生人如其名，的确具有一股倔强的钻劲，既然有了目标就不畏困难、艰险，为之付出努力，而正是这股劲才使蒙牛集团成为今日乳业中的佼佼者之一。

### 马上试一试

在为他人打工的时候，就要有一种创办事业的决心。只有如此，才能为创业做好更充分的准备。等到万事俱备的时候，只要配以大胆的性格，事业之帆即可扬起。